国家科学思想库

决策咨询系列

新时代的技术科学

科技强国建设的栋梁之学

杨 卫 申长雨 程耿东 叶 民 著

科学出版社

北 京

内 容 简 介

钱学森先生于1947年在国内首次讲演"工程和工程科学",并在1957年发表《论技术科学》一文,系统构建了"基础科学—技术科学—工程技术"的现代科技体系框架。历经数十年发展,技术科学作为连接科学理论与工程实践的桥梁,其价值在新时代愈发凸显。2021年,中央明确强调"现代工程和技术科学是科学原理与产业发展之间的关键桥梁",再次将技术科学置于国家创新体系的突出位置。在全球科技竞争加剧、我国亟需突破"卡脖子"瓶颈的背景下,着力发展技术科学具有三重战略意义:既是健全国家创新体系、提升自主创新能力的核心抓手,也是优化科技结构、完善研发体系的关键路径,更是培育科技领军人才、夯实工程技术人才基石的必要支撑。

本书立足新时代需求,深度聚焦技术科学领域,兼具理论深度与实践价值,适用于技术科学领域研究者、高校相关学科师生、企业技术骨干,以及科技、教育、产业政策制定者等,助力各界深入理解技术科学的本质规律,把握科技革命趋势,共同推动我国从技术应用大国向技术创新强国迈进。

图书在版编目(CIP)数据

新时代的技术科学:科技强国建设的栋梁之学 / 杨卫等著. -- 北京:科学出版社, 2025. 5. -- ISBN 978-7-03-081801-0

Ⅰ. G322;N12

中国国家版本馆 CIP 数据核字第 2025XF4304 号

责任编辑:刘信力 / 责任校对:杨聪敏
责任印制:张 伟 / 封面设计:有道文化

科学出版社 出版

北京东黄城根北街 16 号
邮政编码:100717
http://www.sciencep.com

北京中科印刷有限公司印刷
科学出版社发行 各地新华书店经销

*

2025 年 5 月第 一 版　开本:720×1000 1/16
2025 年 5 月第一次印刷　印张:13 1/2
字数:200 000

定价:148.00 元
(如有印装质量问题,我社负责调换)

作者简介

杨卫，中国科学院院士、技术科学部主任，发展中国家科学院院士，美国工程院外籍院士，固体力学专家，浙江大学教授。曾任国家自然科学基金委员会主任、浙江大学校长。研究方向包括宏微观破坏力学、结构完整性评价、材料的增强与增韧、微小型航天器研制等，提出 X-Mechanics（交叉力学）的概念。

申长雨，中国科学院院士，国家杰出青年科学基金获得者，"973"计划首席科学家，材料成型与模具技术专家，大连理工大学教授。曾担任郑州大学校长、大连理工大学校长。现任第十四届全国政协常委，国家知识产权局党组书记、局长，中国科学院第九届学部主席团成员。

程耿东，中国科学院院士、俄罗斯科学院外籍院士，力学专家。曾任大连理工大学校长、国际结构与多学科优化学会主席，现为 *Structural and Multidisciplinary Optimization* 主编。曾获国家自然科学二等奖三次、辽宁省科学技术最高奖、周培源力学奖等多项奖励。

叶民，浙江大学发展委员会副主席、研究员，全国高校哲学社会科学自主知识体系建设战略咨询委员会委员、中国工程院教育委员会委员、中国高等教育学会工程教育专业委员会理事长、浙江大学中国科教战略研究院学术委员会主任、《科教发展研究》主编。曾任浙江大学党委副书记、纪委书记。长期关注工程教育、科教管理等相关研究主题。

前　言

　　技术科学是人类知识的一个中枢部类。钱学森认为"它是从自然科学和工程技术的互相结合中所产生出来的，是为工程技术服务的一门学问"，他提出了系统完整的技术科学概念，明确地提出"自然科学、技术科学和工程技术"三部类的观点。中国科学院学部自成立以来就设立了技术科学部，2004年开始分设信息技术科学部，从此形成技术科学板块。至21世纪初，我国由中国科学院自然科学类专业学部、中国科学院技术科学类专业学部、中国工程院的三部类构架初具雏形。技术科学的基本特征，决定了技术科学不仅具有一般科学的广泛社会功能，而且具有五个方面的独特功能，即引领技术发展的功能，促进自主创新的功能，塑造战略思维的功能，支撑工程教育的功能，推动生产力发展的功能。

　　2003年，我有幸成为中国科学院技术科学部的一名院士，并在2008年至2012年、2016年至今两度担任技术科学部主任。命运使之，梳理出版一本关于技术科学的著作是我多年挥之不去的念想与责任。

　　加快发展技术科学是新时代呼唤。习近平总书记在2021年两院院士大会上指出："现代工程和技术科学是科学原理和产业发展、工程研制之间不可缺少的桥梁，在现代科学技术体系中发挥着关键作用。要大力加强多学科融合的现代工程和技术科学研究，带动基础科学和工程技术发展，形成完整的现代科学技术体系。"这是继 1957 年毛泽东同志关于领导干部要"学习马克思主义、学习技术科学、学习自然科学"的号召之后，中央领导再次把"技术科学"放在了突出的位置。

1997 年，司托克斯（Donald E. Stokes）出版《基础科学与技术创新：巴斯德象限》一书，提出了"由应用驱动的基础研究"的概念，在国际学术界产生了巨大影响。这也促使科学家们重温钱学森的技术科学思想，进一步概括技术科学的特点，揭示其基本性质和学科地位。创新实践、产业实践、国际竞争实践等已经充分证明了技术科学在打造国家战略科技力量、培育/聚集战略科技人才、制定科技战略规划、形成新科研范式、破解"卡脖子"难题、促进创新链的贯通、支撑开放式工程教育等方面可能起到的核心作用。

2009 年，程耿东院士领导的咨询团队经中国科学院推荐，向中央递交了《关于重视技术科学对建设创新型国家的作用的建议》，对推动技术科学在 21 世纪的发展起到了关键作用。总书记在 2021 年两院院士大会的报告后，技术科学部全体院士委托程耿东先生、申长雨先生与我组织一个题为"新时代的技术科学——科技强国建设的栋梁之学"的咨询项目。项目组还有 32 名中国科学院院士、1 名中国工程院院士、5 名特邀专家参加。浙江大学战略研究院叶民教授团队、大连理工大学科学学与科技管理研究所陈悦教授团队、大连理工大学郭旭院士团队、浙江大学交叉力学中心赵沛教授、常若菲女士等为项目的组织和素材梳理做出了巨大的贡献。

美国航宇学科之父冯·卡门先生曾经有一句名言"科学家发

现现存的世界，工程师创造未来的世界。"因此，工程师们若得以用抽象的数字、精准的构象艺术、绵绵不绝的生产效率来表达人工自然的精妙，从而得以领略技术科学的无垠与壮美，将是人类成就在新时代的辉煌展现。

感谢科学出版社和刘信力编辑的支持，这本《新时代的技术科学》才得以面世。

是为前言。

2025 年 3 月 7 日于杭州西湖区求是村

目 录

前言

卷首语

一、技术科学领域的内涵 ·· 1
  1.1 技术科学的思想渊源 ··· 1
    1.1.1 培根的"自然哲学实践论"思想 ······························ 1
    1.1.2 德国技术知识体系思想 ·· 2
    1.1.3 钱学森的技术科学思想 ·· 4
  1.2 技术科学的内涵解析 ··· 6
    1.2.1 技术科学是应用基础研究 ·· 6
    1.2.2 技术科学具有不同于基础科学的基础性 ·················· 6
    1.2.3 技术科学具有基础性与应用性的双重属性 ·············· 7
  1.3 技术科学的特征 ··· 7
    1.3.1 技术科学的学科属性特征 ·· 7
    1.3.2 技术科学的功能特征 ·· 8
    1.3.3 技术科学的学科知识结构特征 ································ 11
  1.4 技术科学的国别差异 ··· 11
    1.4.1 技术科学的国别演变比较 ·· 12
    1.4.2 技术科学的国别科研产出比较 ································ 14
    1.4.3 技术科学国别的战略科技力量布局比较 ·················· 21

二、技术科学的演变脉络 ·· 24
  2.1 基于科学和实验的技术科学（1830—1925）·················· 24

- 2.1.1 材料强度和结构研究 ········· 25
- 2.1.2 机器研究 ········· 25
- 2.1.3 热力学的建立 ········· 26
- 2.1.4 流体力学 ········· 26

2.2 基于产业的技术科学（1850—1925） ········· 27
- 2.2.1 化学工业 ········· 27
- 2.2.2 电气工业 ········· 28

2.3 基于军事的技术科学（1900—1945） ········· 29
- 2.3.1 化学武器研究 ········· 30
- 2.3.2 雷达和原子弹研究 ········· 30

2.4 基于技术域的技术科学（1945—2000） ········· 31
- 2.4.1 核武器 ········· 31
- 2.4.2 空间竞赛 ········· 32
- 2.4.3 固态电子学 ········· 32
- 2.4.4 计算机和计算科学 ········· 33
- 2.4.5 材料科学：激光，超导和纳米技术 ········· 33
- 2.4.6 生物技术 ········· 34

2.5 基于工程技术多学科会聚融合的技术科学（2000—   ） ········· 34

三、技术科学与科技强国建设 ········· 37

3.1 技术科学引领技术发展的功能 ········· 37
- 3.1.1 技术科学的引领共性功能 ········· 38
- 3.1.2 技术科学在形成战略科技力量的集聚功能 ········· 50
- 3.1.3 技术科学在突破"卡脖子"瓶颈的导航功能 ········· 58

3.2 技术科学促进自主创新的功能 ········· 62
- 3.2.1 技术科学的原始创新功能 ········· 62
- 3.2.2 技术科学的集成创新功能 ········· 69
- 3.2.3 技术科学的二次创新功能 ········· 75
- 3.2.4 技术科学的潜在创新功能 ········· 85

3.3 技术科学塑造战略思维的功能 ········· 91
- 3.3.1 造就总师思维 ········· 91
- 3.3.2 技术科学涵养战略规划论证范式 ········· 99
- 3.3.3 技术科学助推数据驱动的智库建设 ········· 101

3.4 技术科学推动生产力发展的功能 ·· 104
　　3.4.1 四次工业革命的突破点都在技术科学 ································ 105
　　3.4.2 技术科学推动颠覆性技术发展 ·· 114
　　3.4.3 建设制造强国的关键在于技术科学 ···································· 119
　　3.4.4 建设材料强国的根基在于技术科学 ···································· 128
　　3.4.5 成为"基建狂魔"的底气在于技术科学 ······························ 133
　　3.4.6 实现"双碳"目标的保障在于技术科学 ······························ 140
　　3.4.7 承载"为国铸剑"使命的支柱在于技术科学 ···················· 147
3.5 技术科学支撑工程教育的功能 ·· 152
　　3.5.1 技术科学支撑工程教育的关键作用 ···································· 152
　　3.5.2 加强技术科学教育，培养基础扎实适应能力强的
　　　　　工程技术人才 ·· 165

四、技术科学强国战略对策 ·· 174

附录　技术科学的典型领域国别分析：力学 ··· 178
　　1　科研产出的数量与质量比较 ·· 178
　　2　科研开放和依赖程度比较 ·· 179
　　3　科研优势的比较 ·· 184
　　4　科研力量的比较 ·· 195

附表　力学领域期刊 ··· 199

卷 首 语

自钱学森1947年提出工程科学的概念，1957年在中国科学院的《科学通报》上发表题为《论技术科学》的论文以来，学界对技术科学思想的阐释和发展从未停歇。随着新一轮科技革命和产业变革突飞猛进，世界各主要发达国家为提升创新能力及国际竞争力，比以往任何时候都更加重视科学研究范式、技术创新方式和工业发展模式的突破。自觉把握我国立足新发展阶段、贯彻新发展理念、构建新发展格局、推动高质量发展的新要求，探索新时代技术科学的领域内涵、演变脉络与国别差异等，对于建设科技强国，实现高水平科技自立自强具有重要的理论价值与现实意义。

一、技术科学领域的内涵

1.1 技术科学的思想渊源

1.1.1 培根的"自然哲学实践论"思想

技术科学的思想最早可以追溯到16世纪末到17世纪初哲学家弗兰西斯·培根（1561—1626）提出的"自然哲学实践论"。他主张自然哲学知识应当为人所用，因为它能够为人类和国家增添福祉，"给人类生活提供新的发现和力量"[1]。他认为印刷术、指南针和火药等所有技术成果构成了人类历史中最具变革性的力量，因此他呼吁"彻底重建科学、艺术和所有人类知识"。他主张编撰"博物志"，即广泛收集观察到的现象，无论这些现象是自发出现的还是人为实验的结果，哲学家们可以将充分收集到的原始资料整合在一起，通过归纳过程提出普遍性原理。这里关键是要避免过早提出理论，以及只进行纸上谈兵的思辨和一味醉心于建立宏大的解释体系。一旦发现普遍性原理，就应当富有成效地运用它们。然而，培根所主张的并非一种完全的功利主义。他认为实验不仅对产生结果（实际应用）有用，而且也有助于启迪心智[2]。培根在其所著的《新大西岛》中描述了一所乌托邦式的教学科研机构"所罗门宫"，研究人员在这里利用自然哲学知识

---

[1] 培根.《新工具》.北京：商务印书馆，1984：58.
[2] 劳伦斯·普林西比. 牛津通识读本：科学革命（中文版）. 张卜天译. 南京：译林出版社，2013.

改进引擎、机器、大炮、时钟和船舶。事实上，在培根提出将科学应用于机械技艺的同一时期，笛卡儿、玻意耳、莱布尼茨和牛顿等自然哲学家也逐渐发展出了一种机械决定论，即将自然视为由发条驱动、按机械运动规律运行的巨型机器，自然哲学与机械技艺的这种相向而行蕴含着技术科学产生的源头。

伽利略（1564—1642）是第一个将实验引入力学研究的科学家，他的工作对于推进技术科学的后续发展意义非凡。人们早先认为机器是以某种"欺骗"自然的方式进行工作的巧妙装置，但伽利略认为机器只是使得自然的能量可为人类所用。他利用阿基米德杠杆原理证明了在理想的无摩擦条件下，使机器加速运动的力和使其保持平衡状态的力是一样的。他还利用这种方法分析了理想机器中力和运动之间的转换关系，并通过与理想机器运行效果的对比对实际机器的运行效果进行了量化评估，由此提出了"机械效率"的概念。伽利略还分析了尺寸效应，说明了为什么不可能通过简单地将尺寸同比例放大的所有零件组合在一起而制造出尺寸同比例放大的机器，由此引发对于材料强度的研究。伽利略还使用几何方法证明了大炮发射的炮弹会沿抛物线路径运动，并计算出了不同发射仰角下的炮弹射程，从而开启了运动学的研究。

英文"Engineering Sciences"一词，可能来源于英国皇家学会 1665 年创办的 *Philosophical Transactions*：*Mathematical, Physical and Engineering Sciences* 和 1854 年创办的 *Proceedings*：*Mathematical, Physical and Engineering Sciences*。300 多年来，"Engineering Sciences"一词虽然没有成为人们耳熟能详的学术术语，但也经常被人提及[1]。

1.1.2 德国技术知识体系思想

将"技术科学"作为一个以技术实验和应用数学为基础、包含行业技术领域共性技术原理的知识体系，起始于 1900 年代的德国[2]。德文中对应

---

[1] 王续琨. 科学学科学引论. 北京：人民出版社，2017.
[2] Banse G, Grundwald A, König W, et al. Erkennen und Gestalten：Eine Theorie der Technikwissenschaften. Berlin：ed. Sigma，2006：23-37.

于技术有两个词，"technik"和"technologie"，分别对应于英语中的"technique"和"technology"，前者更多地指生产实践活动中的实际操作和方法，而后者通常是指与实践、材料工艺相关的论述或学说[1]，"technological science"其实是"technology"的同义词[2]。但二战后，所有这些词（"technik"和"technologie"）都被翻译成英语"technology"，从而混淆了原本的区别。

19世纪德国商业主义开始兴起，导致了技术学首先在德国诞生[3]，但技术学的思想萌芽可追溯至18世纪。1728年，当时在德国商业中心哈勒任职的大学教授沃尔夫（Christian Wolff）提出了"技术学（Technologia，拉丁语）"；1777年，德国哥廷根大学经济系贝克曼（Johann Beckmann）将参观走访手工作坊获得的实践和理论知识统一到轰动一时的《技术指南》教材中[4]，率先将"技术"引入学术研究和教育中。此时的技术知识体系尚不能称之为科学，只是来自经验的技术概念即专业术语汇编，相当于工商管理人员使用的手册，以便他们在管理商业贸易时候能够与专家们有效沟通[5]。

科学意义上的技术知识体系，即技术科学的基础研究起始于20世纪初的德国哥廷根大学，包括数学家克莱因（F. Klein）开创的应用数学研究，以及现代空气动力学奠基人普朗特（Ludwig Prandtl）开创的应用力学研究。后者催生出了享誉世界的哥廷根学派。这一学派产生了冯·卡门（Th.

---

① Mitcham C. Thinking through Technology: The Path between Engineering and Philosophy. Chicago: University of Chicago Press, 1994: 130.

② Sebestik J. The rise of the technological science. History of Technology, 1983, 1: 25-44.

③ 刘则渊，波塞尔，李文潮，胡必希，王前. 关于德国技术哲学发展历史的中德对话. (2015-02-17). https://ptext.nju.edu.cn/c1/3e/c12241a246078/page.htm.

④ Beckmann J. Anleitung zur Technologie oder zur Kenntniß der Handwerke, Fabriken und Manufaktoreien etc. Göttingen: Vandenhoeck und Ruprecht, 1780.

⑤ Seibicke, Technik, Garçon, "Mais d'où vient la technologie". The first modern definition of the technologia's concept is due to Christian Wolff' Discursus Praeliminaris (1728) (see the 1983 Wolff critical edition): §71 "Possibilis quoque est philosophia artium, etsi hactenus neglecta. Eam Technicam aut Technologicam Appellare posses. Est itaque Technologia Scientia artium & operum artis, aut, si mavis, scientia eorum, quae organorum corporis, manuum potissimum opera ab hominibus perficiuntur". §71 "A philosophy of the arts is also possible, although it has up to now been neglected. One should call it technica or technologia. Thus technologia is the science of the arts and of the works of arts. Or if you prefer, it is the science of the things which man produces by using the organs of the body, especially the hands" Wolff Christian, 1963, Preliminary Discourse in Philosophy, translated by Blackwell J. Richard.

von Kármán）和铁木辛柯（S. Timoshenko）等卓越的技术科学家，并由他们将技术科学思想带到了美国。

1.1.3 钱学森的技术科学思想

1943 年，美籍匈牙利裔航空航天工程师冯·卡门于在美国《应用数学季刊》创刊号上发表了 Tooling Up Mathematics for Engineering 一文。1947 年 8 月，师从冯·卡门的钱学森回国探亲期间，先后在浙江大学、上海交通大学、清华大学以 Engineering and Engineering Sciences 主题作学术讲演，论析了技术科学的研究方向、研究方法、基本学识、主要学科（包括流体力学、弹性力学、塑性力学、热力学、燃烧学、电子学、材料学、原子核研究）等问题。在讲演中，他同时使用了 Applied Science 的概念，将其作为 Engineering Science 的同义词。1948 年，他的讲演英文稿全文发表[1]。钱老技术科学思想的形成可以追溯到其赴美留学之际。由于他先在美国麻省理工学院学习，后又在加州理工学院师从于哥廷根学派的代表人物冯·卡门教授，这种经历使得我们有理由相信钱老的技术科学思想应该是融合了强调实践操作方法和技能体系化的工程教育理念和注重学术性工程教育实践。

"技术科学"概念的另一个源头还可追溯到苏联的科学院建制。1935 年苏联科学院根据新章程进行了调整，调整后设立了物理数学、化学、地质地理、生物、技术科学、经济和法学、历史和哲学、文学和语言共八个学部。1952 年成立的波兰科学院设立了社会科学、生物科学、数理科学、技术科学四个学部。20 世纪 50 年代初，《科学通报》发表多篇文章介绍了苏联和波兰等国技术科学发展状况[2][3][4][5]，这表明中国科学界接纳了苏联和

---

[1] Tsien H S. Engineering and engineering sciences. Journal of the Chinese Institute of Engineers，1948，6：1-14.
[2] Д. В. 费立夫，王新民，許志宏. 保加利亞人民共和國技術科學的發展. 科学通报，1956，(01)：86-89，7.
[3] 周行健. 关于波兰技术科学研究的一些见闻. 科学通报，1955，(03)：71-74.
[4] A. 涅斯米扬诺夫，汪容，黄孝楷. 自然科学与技术科学的成就与任务. 科学通报，1954，(07)：55-166.
[5] A. A. 布拉岡臘沃夫，朱民光. 技術科學為共產主義建設事業服務 偉大十月社會主義革命三十五年来的蘇聯科學院的技術科學. 科学通报，1953，(08)：30-43，9.

东欧国家所使用的专业术语"技术科学"（俄文 технические науки）。中国科学院于1954年开始筹建物理学数学化学部、生物学地学部、技术科学部、哲学社会科学部，1955年上述四个学部正式成立。1957年，钱学森在 Engineering and Engineering Sciences 一文基础上，根据最新发展状况写成《论技术科学》一文[①]，对 Engineering Science 做了更全面的阐释，明确指出技术科学是独立于基础科学和工程技术的一类学问，是基础科学与工程技术的有机组合。考虑到中国科学院已设立了技术科学部，学术界对"技术科学"已经比较熟悉，钱学森开始使用"技术科学"一词指代十几年前他称之为 Engineering Science 的学科内容。

钱老通过总结他参与创新空气动力学、探索航空航天学、创立工程控制论和物理力学等若干技术科学的切身经历与实践经验，全面系统地论述了技术科学的基本性质、形成过程、学科地位、研究方法和发展方向，以及技术科学对工程技术、自然科学和社会科学的作用，特别是在制定国民经济规划中的作用。钱老始终强调技术科学的中介桥梁作用，提出了现代科学技术体系的"基础科学—技术科学—工程技术"三部类知识结构观点。钱老还将"技术科学"这一术语的应用从自然科学领域延伸至社会科学领域，并试图使社会科学研究精确化、定量化。钱学森在《科学学、科学技术体系学、马克思主义哲学》一文中谈及《论技术科学》时写道："什么是技术科学？技术科学是以自然科学的理论为基础，针对工程技术中带普遍性的问题，即普遍出现于几门工程技术专业中的问题，统一处理而形成的，如流体力学、固体力学、电子学、计算机科学、运筹学、控制论等。二十年前我根据技术科学在性质和研究方法上与自然科学有所不同，曾把技术科学和自然科学、工程技术分开，作为三个部类。现在看，把技术科学分出来还是对的，而且更有必要了，因为有些技术科学如运筹学、控制论还用来处理经济领域中的问题了，超出了自然科学的范围了。"[②]

---

① 钱学森. 论技术科学. 科学通报, 1957,（03）: 97-104.
② 钱学森. 科学学、科学技术体系学、马克思主义哲学. 哲学研究, 1979,（1）: 20-27.

1.2 技术科学的内涵解析

技术科学是关于人工自然过程的一般机制和原理的学问，是以自然科学为基础，为工程技术服务的学问[①]，是一个相对独立的知识体系。技术科学最重要的本质是将基础科学中的原理性知识向人类福祉转化过程中以理论、方法和系统等形式体现的原理性、规律性的知识体系，是构建现代科学技术体系的关键所在[②]。

1.2.1 技术科学是应用基础研究

"工程技术"作为一个复合词指的是工业生产中实际应用的技术，就知识形态而言，它是指人们在工程实践过程中所积累的对现象的经验性认识。这些经验知识可以直接应用于生产实践，也可以经过初级整理总结形成生产规则，还可以通过分析、归纳和提炼形成技术原理而升华为"技术科学"。"工程技术"直面生产实践，因而所产生的经验知识或许是关于实践对象的（如机器），也或许是实践活动本身的（如决策），前者是物质性的，后者是操作性的，它们都是"技术科学"的研究对象。在基础科学、技术科学和工程技术中相邻的两者之间，前者是后者的理论基础，后者是前者的具体应用。技术科学作为科学原理和工程实践之间的桥梁，不断推动着工程技术的进步。依据钱老的"技术科学"是指由应用导向的基础研究和有基础理论背景的应用研究结合而产生的系统性知识。技术科学的研究对象既包括源于工程实践活动产生的问题，也包括自然科学基础研究中提出的有应用价值的问题。技术科学研究最终提供的应该是有关工程技术的原理性认识，它能够为解决很大一类具有共性的工程实践问题提供原理性支撑，属于应用基础研究范畴。

1.2.2 技术科学具有不同于基础科学的基础性

"基础科学"与"技术科学"的研究都具有基础性，但二者还是有着本

[①] 刘则渊, 陈悦. 现代科学技术与发展导论. 大连: 大连理工大学出版社, 2011: 133.
[②] 陈悦, 宋超, 刘则渊. 技术科学究竟是什么?. 科学学研究, 2020, 38（1）: 3-9, 33.

质上的不同。首先，基础科学研究对象是自然物，而技术科学的研究对象是技术或人工自然物，技术既是研究手段也是研究对象。其次，基础科学研究力求客观精确地研究自然物，而技术科学的发展需要充分吸收和运用工程实践中得到的经验规律和知识。此外，工程中面临的问题往往是多因素、多形态、多学科的。技术科学需要从不同工程领域抽象出具有共性的研究要素和问题（如力学现象、电学现象、光学现象等）进行深入探索，以获得对于这些共性问题的原理性认识。

1.2.3　技术科学具有基础性与应用性的双重属性

技术科学是关于人工自然过程的一般机制和原理的学科，它以基础科学理论为指导，研究多门工程技术中具有共性的理论问题，技术科学研究的成果往往可以应用于多个工程技术领域，从而成为工程技术的科学基础。技术科学属于应用引发的基础研究和基础理论导向的应用研究并存的科学领域，其成果一般为人工自然规律和工程技术原理。技术科学往往不直接面向工程，但其研究成果却具有广阔的工程应用前景。它是新技术的催生剂，是引领和推进工程技术进步的强大力量，是技术创新所不可或缺的学问。

1.3　技术科学的特征

1.3.1　技术科学的学科属性特征

（1）技术科学的中介性与独立性

钱学森明确指出：技术科学是介于自然科学与工程技术之间的一套独立知识体系，也可称之为桥梁，它是从自然科学和工程技术的相互结合中所产生出来的，是为工程技术服务的一门学问。技术科学是沿着自下而上和自上而下两条途径独立发展并最终交汇融合形成的。一条途径是工程实践中得到的经验知识通过科学方法升华提炼为技术科学中的基本原理（自下而上）；另一条是自然科学中的第一性原理在具体工程实践中得到具体应用，并在此过程中形成了支撑相关工程技术创新的专门性知识体系（自上而下)。正是技术科学的中介性使得自然科学、技术科学、工程技术三者可以在良性互动中各自相对独立地不断发展。

(2) 技术科学的基础性与应用性

技术科学是关于人工自然过程的一般机制和原理的学科，它以基础科学理论为指导，研究多个工程技术领域中具有共性的基础性、原理性问题。一方面，技术科学研究的成果往往可以应用于多个工程技术领域，从而成为相关工程技术的科学基础。例如，技术科学中的固体力学、流体力学在土木工程、机械工程、航空航天工程、化学工程等领域中都得到了广泛且成功的应用，其理论和方法已成为这些领域技术创新不可或缺的知识基础。另一方面，固体力学、流体力学研究也必须与上述工程领域中的具体对象、具体问题等相结合，才能获得不断发展的动力。解决工程问题也是技术科学生命力的源头所在。

(3) 技术科学的纵深性与广谱性

由于技术科学的中介过渡特征，自然科学的发展和工程技术的进步，都会推动技术科学内涵的不断深化，外延的不断扩展，进而催生出新兴、前沿和交叉的技术学科领域。20世纪中叶以来，现代技术科学体系中不仅基于自然科学理论、作为工程学共性基础的普通技术科学在向宇观和微观两极纵深掘进，出现了空间科学、微制造科学、纳米科学等新兴技术科学，而且由于现代科学技术整体化所导致的技术科学广谱化，使得更广泛的一系列交叉科学，包括横向技术科学、综合技术科学和社会技术科学等也应运而生。它们以技术科学为纽带，横跨自然科学和社会科学。从其结构的核心层次看，它们都属于技术科学的范畴[①]。这进一步显示了现代技术科学的学科体系在现代科学技术知识体系中的重要地位。

1.3.2 技术科学的功能特征

(1) 技术科学能够带动基础科学与工程技术

技术科学在基础研究和工程技术之间的中介地位决定了其对基础科学

---

① 刘则渊，程耿东. 论技术科学的创新功能与强国战略. 中国科学学与科技技术管理研究年鉴科学·技术·发展 2006/2007 年卷. 大连：大连理工大学出版社，2008：7-18.

和工程技术具有"抓一点带两头"的作用。事实上，缺失了技术科学这一环节，或是技术科学力量薄弱时，基础研究成果不仅难以转化为工程技术，基础研究自身还会丧失支持其持续发展的根本动力，工程技术也就因此失去了颠覆性创新的潜力。自然科学知识仅仅是人类科学技术知识体系中的一部分，而技术科学能够把工程技术中的宝贵经验和初步理论提炼成具有普遍意义的规律，这些技术科学的规律可能含有一些自然科学现在还没有的内涵。技术科学是对工程技术过程中的"是什么"和"为什么"问题进行再认识，这种技术解释和技术诊断，有可能从已有的技术现象中发现未知的潜在技术问题，或重新加以认识，使技术科学的解释功能变为认识功能，这往往成为工程技术理论创新的起点，进而推动基础理论研究。技术科学的存在与发展，使得工程技术实践不必完全依赖于已有的经验，就可以预见新的技术，引导工程技术发展，实现技术更新或创造新技术。

（2）技术科学能够催生颠覆性技术

基础科学与基础研究并不能直接导致技术创新，而仅仅在工程技术或产业技术的经验层次上又难以实现技术的原始创新，唯有在技术科学领域以及作为工程技术知识形态的工程学领域，一方面通过技术科学前沿研究获得前沿技术的新成果，另一方面借助相关的社会技术科学一系列学科的协同作用，才可能形成颠覆性技术。颠覆性技术往往是基于原创性发明，而原创性发明的出现只有基于技术科学原理的工程技术重大突破，这就需要把技术科学，即工程技术需求背后的规律搞清楚，尤其是在前沿技术领域。就最终产品的技术层面来说，只有在专业工程技术及其共同的技术科学理论基础上，才能实现关键技术及相关技术的集成创新。同时，还表现为由一系列技术的集成创新引发以关键技术为核心的技术创新集群，带动基于创新集群的替代产业和新兴产业的集群式发展。技术科学不仅能通过技术科学理论的技术预见，展望前沿技术的发展态势与潜在创新的可能前景，还可以反哺基础科学而存在的战略技术储备功能，从而催生颠覆性技术。

（3）技术科学能够整合创新资源

目前我国创新实践中，面临着生产要素连接不足和产业链不完整两大突出问题。究其根本，是没有找到一个有效的抓手，将创新要素和创新主体连接起来形成创新生态链。钱学森的技术科学思想正是强调从工程实践中总结经验，从而形成对技术现象的规律性和原理性认识。而工程实践就是要以技术为核心，以解决实践问题为目的，考虑各种资源、条件，进行合理规划，优化资源配置的过程，这本身就是一个将技术与其他生产要素相结合的过程。特别地，如果借助技术科学，这种结合便会大大减少工程实践对以往零星经验的依赖，从而可以在科学理论的指导下，更为可靠和更为高效地推动要素之间的结合，进而推动技术创新。正是因为技术科学能够将基础研究、应用基础研究和技术创新活动及其主体容纳于同一个科技创新体系中，因而能够更有效地整合创新资源，并成为培育战略科学家的摇篮。

（4）技术科学能够支撑新工科教育

"新工科"以新经济、新产业为背景，对应的是服务新兴产业（如人工智能、智能制造、机器人、云计算等）的专业，也包括传统工科中经设计改造后的专业。与老工科相比，"新工科"更强调学科的实用性、交叉性与综合性，尤其注重信息通信、电子控制、软件设计等新技术与传统工业技术的紧密结合。技术科学课程（包括相应的数值模拟、科学实验和工程试验等课程），是沟通基础理论课与工程专业课之间的桥梁，有助于培养学生的工程研究能力、技术创新能力，以及科技成果向工程应用的转化能力。还应看到，技术科学的学科是动态发展的，它将随着技术应用场景的不断增加而不断形成新的学科。对于前沿技术领域，我们应该不断总结相关的工程技术经验，并在自然科学的基础上，积极探索其中蕴含的技术原理，创建面向前沿工程技术理论，并在此基础上对理工科大学的学科建设进行前瞻性布局。技术科学家不同于自然科学家和工程师，这类人才应该能够顺利实现工程技术和自然科学理论之间的转译。他们不仅仅要熟练掌握数学建模方法，更需要具备从工程技术中提炼出科学问题并运用自然科学研究成果和工程实践经验开展相关科学研究的能力。只有结合"新工科"建设打造扎实的技术科学课程体系，才能培养出更多的技术科学战略科学家。

1.3.3 技术科学的学科知识结构特征

学科的本质是知识分类，学科体系体现了知识体系的系统化、科学化。在 ESI（Essential Science Indicators）中划分了 22 个学科研究领域，其中工程技术领域"Engineering"共收录了 905 本期刊。我们下载了 WOS 数据库所收录的这些期刊自 1945—2021 年间发表的 3 210 554 篇论文，并对其引用的 48 036 298 篇文献进行了研究。基于这些文献信息绘制的学科结构知识图谱（图 1.3.1）显示出了工程技术的四大组成部分，即基于物质物理结构的工程技术、基于物质化学反应的工程技术、基于医学和生命科学的工程技术和基于经济管理等社会科学的工程技术。

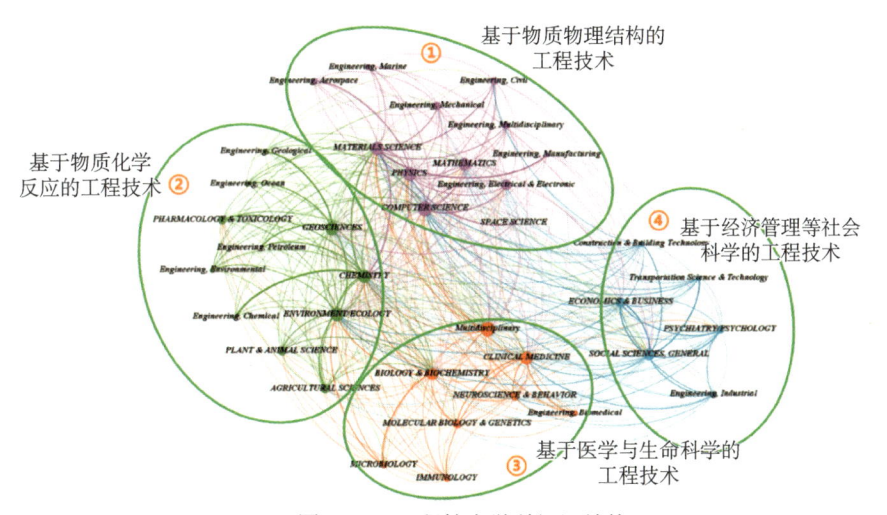

图 1.3.1 工程技术学科知识结构

每个节点代表一门学科，节点越大，学科共被引程度越高，代表该学科与较多学科都有较高的共被引频次，线条粗细表示学科之间的文献共被引程度

1.4 技术科学的国别差异

本节基于 Scopus 数据库统计（检索时间为 2023 年 1 月），围绕技术科学的国别演变、科研产出规模、科研影响力、战略科技力量布局等几个方

面进行国别比较。

1.4.1 技术科学的国别演变比较

从技术科学的演变脉络来看,技术科学的发展在全世界范围内整体呈现出浪潮式前进和螺旋式上升的特征。深入分析技术科学的国别演变规律,对准确把握技术科学的基本特征具有重要的现实意义。正如苏联学者鲍戈柳波夫指出:"技术科学从本质上应当与不断发展的技术相适应,并且最佳的情况是应当超前于技术。……技术科学、实用科学和基础科学是知识具体化和概括化的不同层次。因此,技术科学在其自身发展过程中能够变成实用科学(如果技术科学的应用范围超出技术框架外),甚至变成基础科学"[①]。

当今世界科技强国的兴起历史往往也是其技术科学蓬勃发展的历史。欧洲作为工业革命的诞生地,在世界范围内最早迈入工业化进程,因此技术科学最早在欧洲发端。大规模生产实践催生的技术创新需求也进一步激发了人们对生产技术背后科学原理的研究兴趣,从而加速推进了技术的科学化进程,使得技术科学呈现出"基于产业的科学(industry-based sciences)"之特征[②]。

以英国为例,作为世界第一个工业国家,英国凭借蒸汽机大规模使用为标志的产业技术革命,实现了纺织业和铁路交通的机械化和工业化,奠定了英国在近代交通强国的地位[③],同时英国的社会经济也得到迅猛发展,一跃成为"日不落帝国"。在这一时期,英国的科学家和工程师开始转向对机械化生产引发的新科学问题进行思考和探究,例如1756—1759年期间,约翰·斯密顿在建造第三座爱迪斯通灯塔时,发现利用大量黏土烧制的石灰石是建造水下建筑的良好材料,这一发明被称为"水硬性石灰",这也为

---

① 白夜昕,姜立红. 前苏联技术科学哲学问题研究. 东北大学学报(社会科学版),2008,10(1):4.

② König W. Science-Based Industry or Industry-Based Science? Electrical Engineering in Germany before World War I. Technology and Culture,1996,37:70-101.

③ 沈琦. 从"交通困局"到"交通革命":近代英国建设交通强国的历史进程. 光明日报,2021-09-27.

世界水泥史上具有划时代意义的"波特兰水泥"的发明了奠定重要基础[①]；麦克斯韦在1868年基于对机械调速器的分析提出了最早的反馈控制理论这一技术科学领域的重要研究方法。

法国也是技术科学兴起的先驱国家，在18世纪率先建立起一批高等技术教育机构。早在1747年，法国就诞生了第一所正规工程教育开端的学校——巴黎"路桥学校"，即如今著名的法国工程师大学国立高等路桥学校（Ecole des Ponts Paris Tech）。同时期法国还建立了包括巴黎国立高等矿业学校（ENSMP，1783年建立）、法国国立工艺学院（CNAM，1794年建立[②]）和巴黎综合理工学院（EP，1794年建立）等在内的著名工科院校[③]，为法国培养出大批精英工程师及科学家，其中热力学之父尼古拉·卡诺就毕业于法国国立工艺学院。

在19世纪后期到20世纪初期，伴随以电力技术和内燃机为标志的第二次工业革命的兴起，德国、美国逐步走向了技术科学发展的前沿。1911年，德国政府资助成立威廉皇家学会（马克斯·普朗克科学促进学会前身），旨在发展新兴的跨学科研究。此外还成立了弗劳恩霍夫应用研究促进协会以及德国反应堆控制站管理和运行事务工作委员会（德国亥姆霍兹联合会的前身）等一批国立研究机构[④]。同时期，俄国的工程教育也开始普及，尤其是在十月革命之后，俄国的教育和科技事业开始蓬勃发展，推动俄国的重工业和军事技术迈向世界领先地位。此外，以紧密结合生产技术与实践教学为特点的"俄国方式"被以美国带头的各国纷纷引进。

美国跃升为世界头号强国的历程也是重视技术科学的历程。早在二战前，美国就设立了海军实验室（NRL）、国立卫生研究院（NIH）等国立科学研究机构。随着1945年万尼瓦尔·布什（Vannevar Bush）的著名报告《科学：无止境的前沿》的提出[⑤]，美国政府对基础研究的资助持续增长，

---

① Britannica, The Editors of Encyclopaedia. "John Smeaton". Encyclopedia Britannica.（2022-10-24）. https://www.britannica.com/biography/John-Smeaton.

② CNAM, Conservatoire national des arts et métiers. [2023-02-23]. https://www.cnam.eu/presentation/.

③ 孔寒冰，叶民，王沛民. 多元化的工程教育历史传统. 高等工程教育研究，2013，(5)：12.

④ 温珂，蔡长塔，潘韬，等. 国立科研机构的建制化演进及发展趋势. 中国科学院院刊，2019，34（1）：8.

⑤ Bush V. Science, the Endless Frontier. Princeton University Press.

相继成立了包括海军研究局（ONR）、国家科学基金会（NSF）、国家航空航天局（NASA）、原子能委员会（AEC）等由政府支持和管理科学技术发展的研究机构，使得战后美国的技术科学发展进入了黄金时期，并确立了以政府、大学、企业三者伙伴关系为特点的创新体系，促进了美国科技的飞速发展[1]，呈现出基于技术域的科学特征。到20世纪90年代，以互联网为代表的信息技术革命使得美国更加确定了全球霸权地位。

二战后，亚洲主要国家也纷纷成立国立科研机构以培育技术科学力量。例如日本在1956年成立的国家金属材料技术研究所，1966年成立国家无机材料研究所；韩国在1966年创设韩国科学技术研究院。进入21世纪，随着中国、印度等亚洲其他国家的崛起和科技实力的增强，面临全球化背景下全面的科技竞争态势，美国政府也重新开始重视对技术科学的研究资助。2022年1月18日，美国国家工程院在线出版物 *NAE Perspectives* 刊登题为《技术科学研究：研发话语中缺失的术语》的文章，指出美国应当重视技术科学研究（Technoscientific Research）[2]，更有效地利用资金来实现科学与技术之间的良性循环[3]。

1.4.2 技术科学的国别科研产出比较

本节基于 Scopus 数据库，选取 Scopus 27 个学科领域中与技术科学相关的5个学科领域来进行国别分析，其中包括：工程学（Engineering）、材料科学（Materials Science）、计算机科学（Computer Science）、环境科学（Environmental Science）、能源（Energy）。截至2022年，5个学科领域全球发文总量统计如图1.4.1。

可以看出，在5个技术科学领域中，工程学领域的总发文量占比最高，比例为41.70%，之后分别是材料科学（20.36%）、计算机科学（20.23%）、环境科学（11.16%）和能源（6.55%）。

---

[1] 樊春良. 建立全球领先的科学技术创新体系——美国成为世界科技强国之路. 中国科学院院刊, 2018, 33（5）: 11.

[2] Technoscientific Research: A Missing Term in R&D Discourse.（2022-01-18）. https://www.nationalacademies.org/news/2022/01/technoscientific-research-a-missing-term-in-r-d-discourse.

[3] 中科院主要国家科学院监测信息. 学部科技态势与情报研究支撑中心（筹）编. 2022年第1期.

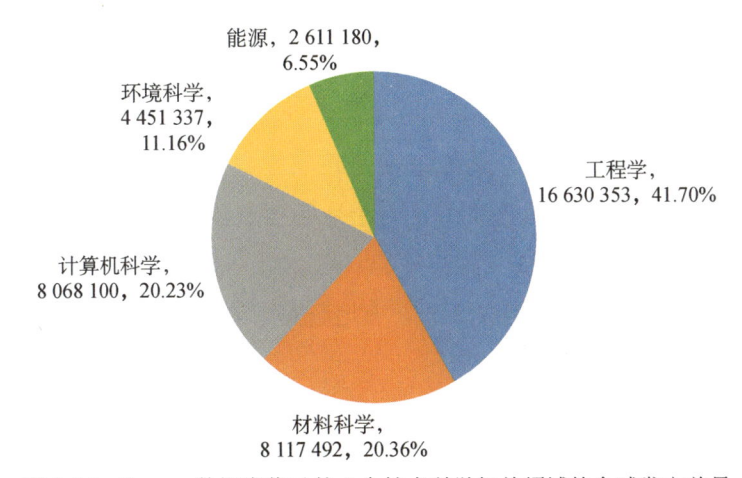

图 1.4.1　Scopus 数据库收录的 5 个技术科学相关领域的全球发文总量

按国别统计，这 5 个技术科学领域总发文量排名前十位的国家如图 1.4.2 所示。图中蓝色为 Scopus 建库以来收录的发文量，橙色为 1996—2022 年期间 Scopus 收录的发文量。

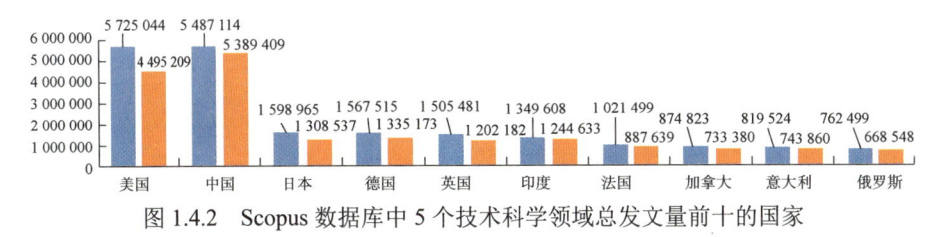

图 1.4.2　Scopus 数据库中 5 个技术科学领域总发文量前十的国家

相较于其他国家，从产出总量上看，中美两国都具有相当明显的优势。虽然从 Scopus 建库以来的收录总量上看（图 1.4.2 中的蓝色柱形），中国略低于美国，但在 1996—2022 年期间（图 1.4.2 中的橙色柱形），中国的总发文量已经超越美国，为美国的 1.2 倍，跃居世界第一，表现出强劲的后发优势。

我们在总发文量排名前十的国家中选取具有代表性的 8 个国家，分别为：中国、美国、德国、英国、俄罗斯、法国、印度、日本。对上述国家在 5 个技术科学领域进行科研产出规模和科研影响力（引用次数）的比较分析。

（1）工程学领域国别比较

可以从图 1.4.3 中看出，在工程学领域，中国在 1996—2022 年期间，整体呈现快速增长趋势，并且在 2008 年度发文量首次超过美国，之后每年的科研论文产出量一直处于世界第一，且近年来呈现出更加迅猛的增长趋势。美国整体上每年的发文趋势平稳，在 2018—2022 年期间反而有所下降。而印度近年来发文量逐渐上升，有追赶美国的态势。

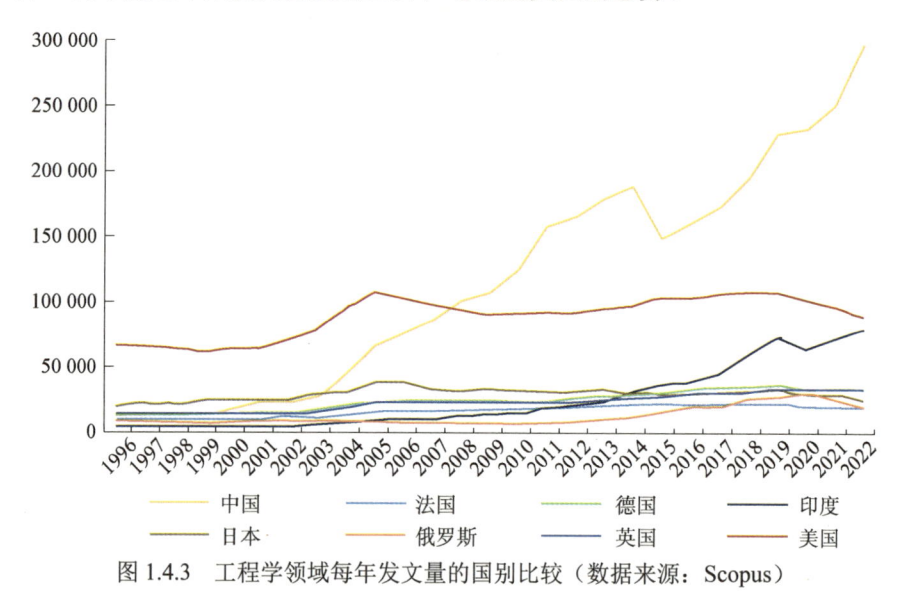

图 1.4.3　工程学领域每年发文量的国别比较（数据来源：Scopus）

而从工程学领域发文的总引用次数上看，美国从 1996 年开始在工程学领域发文的总引用次数就长期领先于其他国家。截至 2022 年，美国在工程学领域发文的总引用次数约为中国的 1.5 倍，但中国在工程学领域发文的总引用量在近十年来明显提升。除中美两国以外，其他包括英国、德国、日本、法国、印度等在内的 5 个国家整体上发文总引用量缓慢上升，而俄罗斯仍排在 8 个国家的末位，见图 1.4.4。

（2）材料科学领域国别比较

在材料科学领域，中国在 2007 年这一年的发文量首次超过美国，之后每年发文量一直呈现快速增长趋势，居于世界第一。在增长趋势方面，

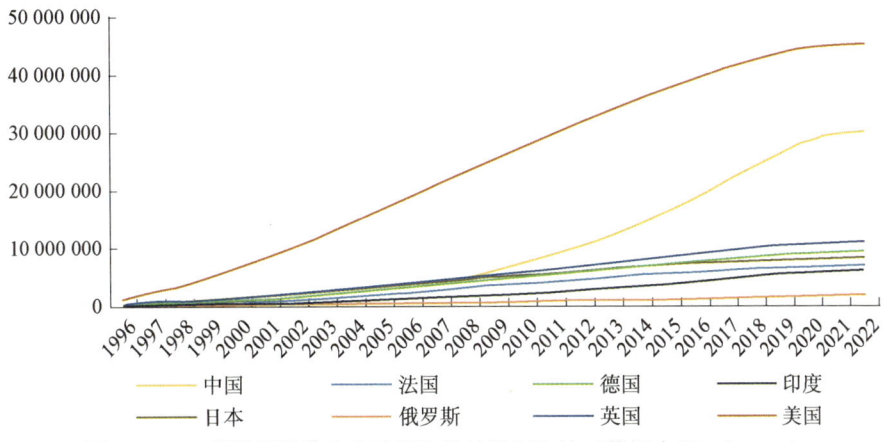

图 1.4.4 工程学领域发文总引用次数的国别比较（数据来源：Scopus）

2020年之后，除了中国和印度在材料科学领域每年发文量增长明显之外，其他6个国家发文量均出现下滑，其中美国和俄罗斯在材料科学领域的发文量下滑明显，且美国几乎被印度追平，见图1.4.5。

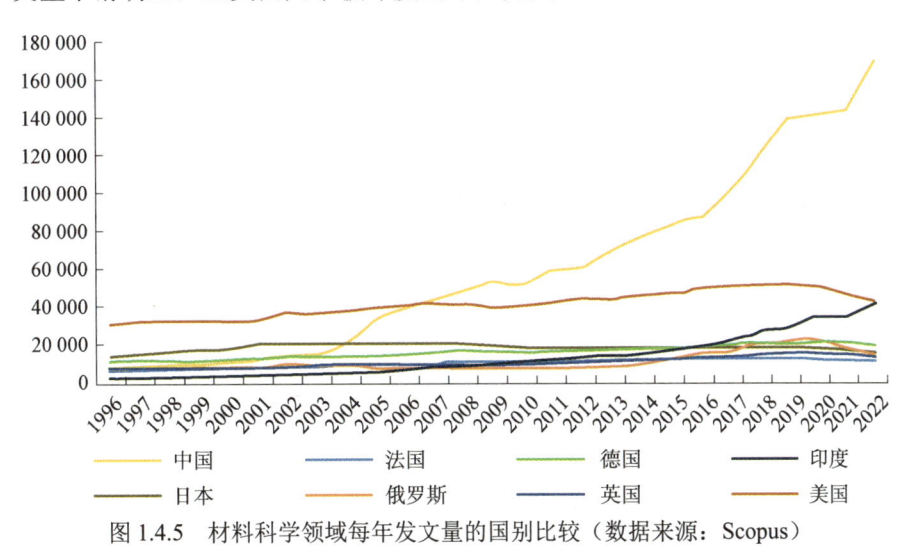

图 1.4.5 材料科学领域每年发文量的国别比较（数据来源：Scopus）

在材料科学领域的发文总引用量方面，中国在2009年之后就达到世界第二，近年来增长迅速。2013年中国在材料科学领域的发文总引用量约为美国的一半，2022年已达到美国的90%，见图1.4.6。

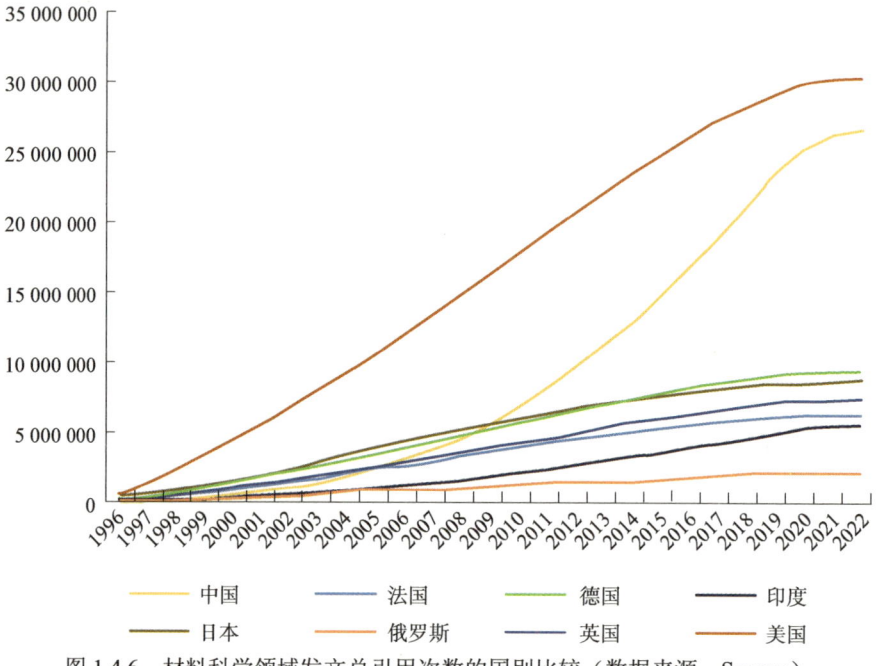

图 1.4.6　材料科学领域发文总引用次数的国别比较（数据来源：Scopus）

（3）计算机科学领域国别比较

在计算机科学领域，中国每年的发文量在 2009 年之后反超美国，虽然在 2010—2014 年发文量有所下降，但在 2015 年之后每年发文量增长迅猛，总量大幅领先于其他国家。根据 Scopus 数据，2022 年中国在计算机科学领域的发文量约为美国的 2.4 倍。此外，印度在计算机科学领域的每年发文量也增长迅速，总量逼近美国，见图 1.4.7。

在计算机科学领域的发文总引用量方面，与其他国家相比，美国优势明显，与其他国家拉开了较大的差距。

中国近年来在计算机科学领域发文的总引用量逐步上升，根据 2022 年数据，中国的总引用量约为美国的 40%，见图 1.4.8。

（4）环境科学领域国别比较

在环境科学领域，中国在 2017 年之后每年的发文总量增长迅猛，并在 2017 年之后超越美国，跃居世界第一位。除俄罗斯在 2021 年之后发文量下降明显之外，其他国家均呈现缓慢上升的态势，见图 1.4.9。

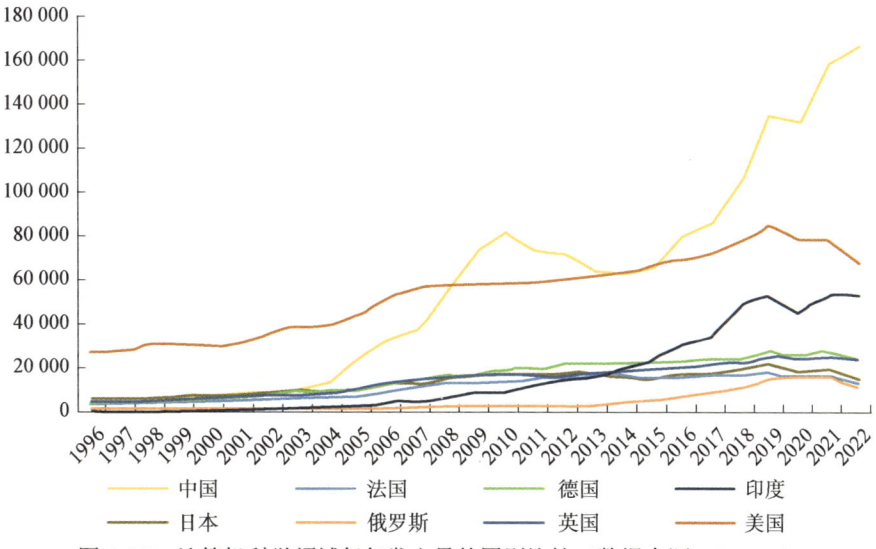

图 1.4.7　计算机科学领域每年发文量的国别比较（数据来源：Scopus）

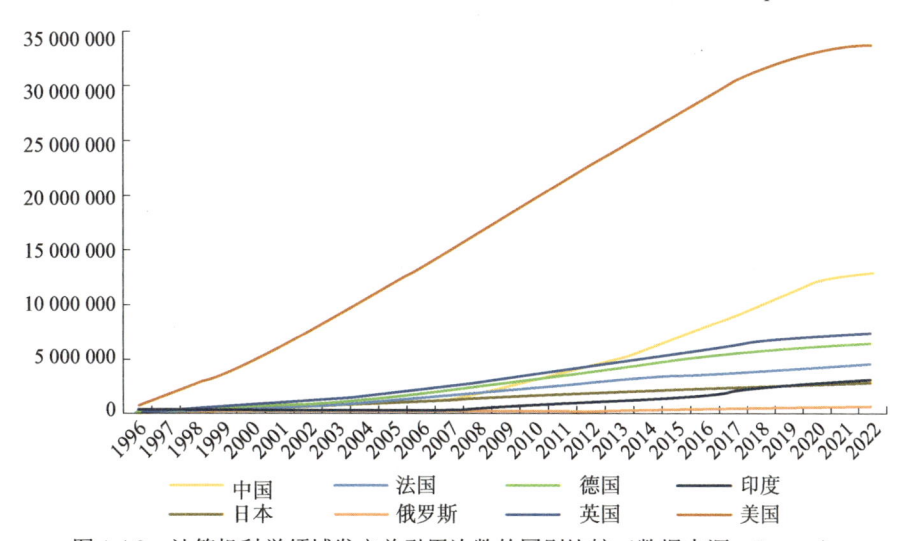

图 1.4.8　计算机科学领域发文总引用次数的国别比较（数据来源：Scopus）

在环境科学领域的发文总引用量方面，在 2016 年之前，美国和英国占据世界前二的位置，在 2016 年之后中国超过英国，成为环境科学领域发文总引用量第二位。2022 年，中国环境科学领域的发文总引用量约为美国的 54%，且有逐步缩小差距的趋势，见图 1.4.10。

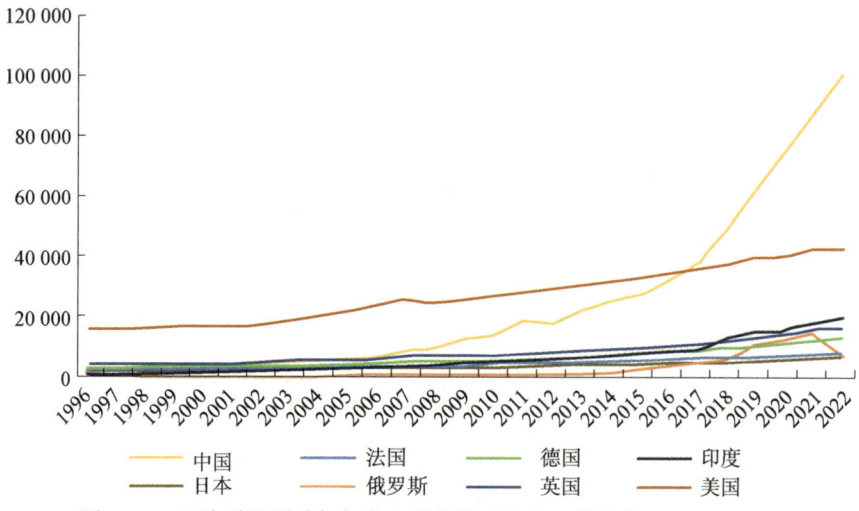

图 1.4.9　环境科学领域每年发文量的国别比较（数据来源：Scopus）

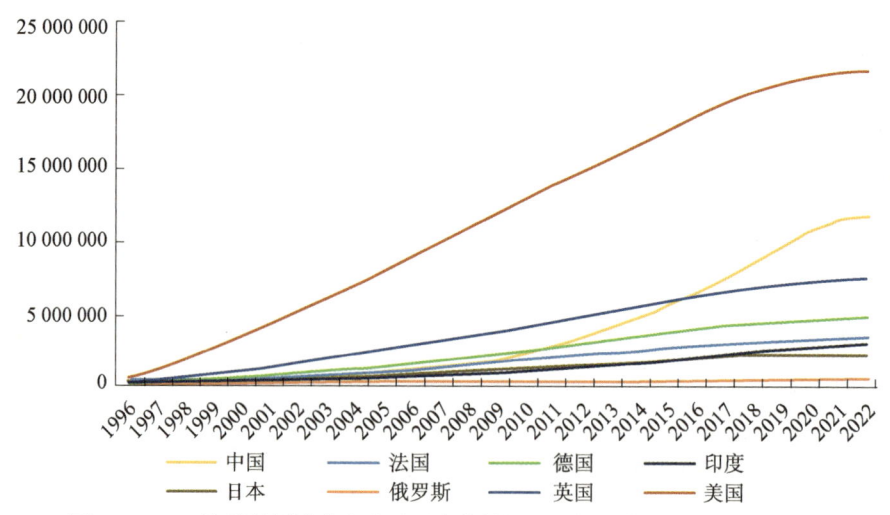

图 1.4.10　环境科学领域发文总引用次数的国别比较（数据来源：Scopus）

（5）能源领域国别比较

在能源领域，中国每年的发文量在 2009 年之后超过美国处于世界第一，且近年来增长势头较为迅猛，在 2022 年的发文量已经是美国同年的 4 倍。而美国和俄罗斯近年来在能源领域发文量下降势头明显，其中美国在能源领域的发文量几乎被印度追平，见图 1.4.11。

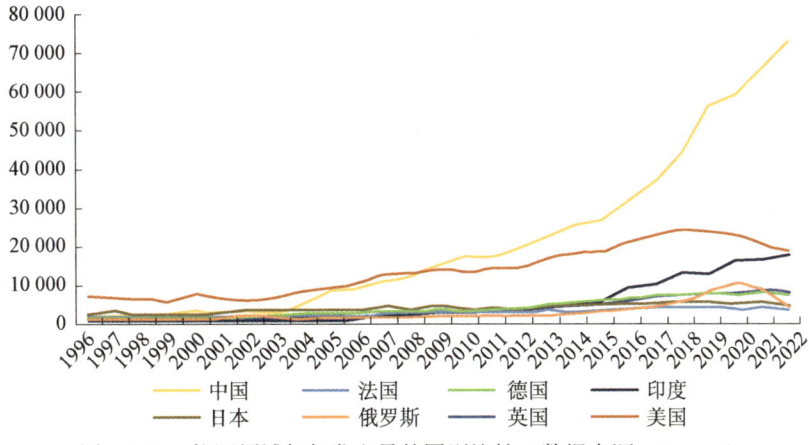

图 1.4.11 能源领域每年发文量的国别比较（数据来源：Scopus）

在能源领域的发文总引用量方面，中国在 2018 年之后首次超越美国成为世界第一，这也是 5 个技术科学领域中，在发文总引用量上唯一超过美国而处于世界第一的学科领域，见图 1.4.12。

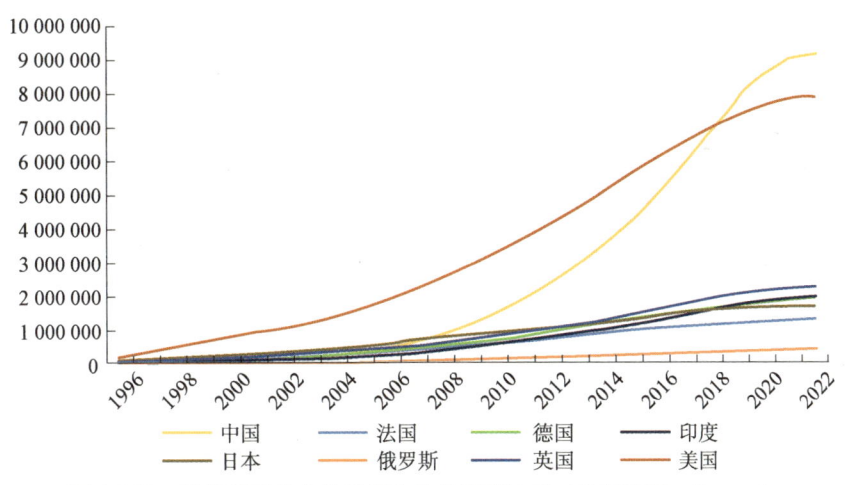

图 1.4.12 能源领域发文总引用次数的国别比较（数据来源：Scopus）

1.4.3 技术科学国别的战略科技力量布局比较

高水平大学和国家级实验室往往是技术科学依托的重要科技力量，承担着国家的前沿战略需求。通过强有力的组织来实施往往是各国发展高技术的基本手段①，也是推进技术科学研究的有力举措。以美国为例，哈佛大学、麻省理工学院、斯坦福大学、加州理工学院、加州大学等高水平大学就代表了美国的战略科技力量。上述大学托管了美国近半数的国家实验室，例如麻省理工学院的林肯实验室（Lincoln Laboratory）、加州大学的劳伦斯·伯克利国家实验室（Lawrence Berkeley National Laboratory）和洛斯·阿拉莫斯国家实验室（Los Alamos National Laboratory）、斯坦福大学的SLAC国家加速器实验室（SLAC National Accelerator Laboratory），以及加州理工学院的喷气推进实验室（Jet Propulsion Laboratory）等，其研究领域涵盖了从核武器、雷达、导弹推进等武器研究到高能物理、数学、计算机科学、生命科学等重大科学前沿方向，为美国成为当今世界领先的科技强国做出了突出贡献②。美国在20世纪八九十年代还形成了波士顿128公路沿线和美国西海岸的硅谷这两个全球科技创新中心，其中硅谷周边集聚了斯坦福大学、加州大学伯克利分校等顶尖高校，波士顿拥有哈佛大学、麻省理工学院等顶尖高校，这些顶尖高校为两地的高科技产业提供了尖端智力支持，推动了谷歌、微软、苹果、脸书、特斯拉等一批具有世界影响力的引领型科技企业的迅速崛起。近期，美国参众两院的《2021年美国创新与竞争法案》正酝酿着其所谓"国家科学时代"，内容涵盖了"无尽前沿法案"……"应对中国挑战法案"等6项内容，其建设的平台与中心也多设在高水平研究型大学。

　　与此相似，英国的两所世界顶尖高校剑桥大学与牛津大学属于英国的战略科技力量。这两所大学在历史上培育了众多伟大的科学家。其中牛顿、麦克斯韦均毕业于剑桥大学三一学院，牛顿塑造了经典力学体系，麦克斯韦提出了电磁场理论，分别为第一次和第二次工业革命提供了重要的科学理论依据，也使英国得以成为最早迈入工业化的国家。在20世纪，位于剑桥大学的卡文迪什实验室是英国重要的战略科技力量，涌现出数十位诺奖得主。在欧洲大陆，法国在拿破仑时代就创建了巴黎综合理工学院

---

① 蒋新松. 关于我院发展技术科学的探讨. 中国科学院院刊, 1991, (04): 329-336.
② 赵文华, 黄缨, 刘念才. 美国在研究型大学中建立国家实验室的启示. 清华大学教育研究, 2004, (02): 57-62.

(Ecole Polytechnique），并迅速地发展成为法国军民融合的最重要的理工类人才培养基地，成为法国战略科技力量的精英学校。该校承担了"为了祖国、科学与荣誉"的使命[1]，且承担了每年法国国庆的阅兵任务，曾涌现出像柯西、拉普拉斯、拉格朗日、库仑、纳维、泊松、傅里叶这样一大批顶尖的科学家，现在每年仍然可以吸引法国近半数最优秀的学生入学。

在两次世界大战中，德国的国立大学一直是其战略科技力量的核心。二战后，作为战败国的德国被迫通过法律，禁止设立国立大学，只允许设立州财政资助的大学。在其近年设立的"卓越计划"中，其国家财政不允许对大学进行总体层面的支持，只能支持"卓越学科"与"卓越研究生院"。苏联在斯大林时代打造了"政—军—工—科—教"五位一体化的国家科技体系，大幅增加了对莫斯科大学等国立大学的经费投入，达到全面发展基础研究、保护国防工业和国家安全的目的[2]。在二战后，苏联倾全国之财力与物力建设莫斯科大学的主楼。日本在明治维新之后到二战投降前在本土境内设立了七所帝国大学[3]，分别是东京大学、京都大学、东北大学、九州大学、北海道大学、大阪大学和名古屋大学。它们至今仍是日本战略科技力量的核心支撑。

---

[1] 姜曼，周朴. 法国大学校如何成为世界一流——巴黎综合理工学院办学特色与启示. 高等教育研究学报，2019，42（03）：60-66.

[2] 鲍鸥. 历经百年沧桑 打造科技基础——俄罗斯（包括苏联）建设科技强国之路. 中国科学院院刊，2018，33（05）：527-538.

[3] Suzuki A. The Development of Educational Studies in Japan and Their International Communications after World War II: An Analysis on Works of the Academic Staffs Working at Faculty of Education of 9 National Universities in the Field of the Philosophy of Education. Forum on Modem Education，2013（22）：19-34（in Japanese）.

二、技术科学的演变脉络

2.1 基于科学和实验的技术科学（1830—1925）

18世纪技术的迅猛发展引爆了工业革命，工业革命带来的社会经济变革催生了技术科学在欧洲的兴起。焦炭取代木炭推动了钢铁的生产，蒸汽机的发明导致了纺织工业的机械化和铁路交通的发展，工业化的发展形成了工厂制的集中生产方式，这些都改变了18—19世纪初的社会。对工程师而言，使用传统的经验法则或试错法进行蒸汽机、铁路、远洋铁皮船舶和大型铁桥的生产和建设，已变得不切实际，而且代价高昂。而此时，许多科学新发现也无法直接应用于技术，而使得科学家对科学的实际应用兴趣倍增，并开始向工程师学习。如牛顿力学可以解释作用于两个原子之间的力，但它无助于解决铁梁复杂的荷载问题；玻意耳定律可以解释理想气体的压力与体积的关系，但难以阐释蒸汽是如何让蒸汽机运转的。由此，在培根思想的影响下，欧洲诞生了一大批旨在研究更具技术含量的科学研究组织，英国侧重于向新兴资产阶级传播和普及牛顿自然哲学原理，法国更强调通过科学和数学教育从国家层面来促进科学在技术中的应用。这些学术性组织促进了系统测试的发展、新概念创生和图形分析，标志着技术科学的兴起。

2.1.1 材料强度和结构研究

工业化和军事发展产生了研制开发结构更复杂的大型机器和交通运输工具的迫切需求，大尺度材料强度测试便应运而生，弹性理论取得重要进展，同时也推进了与材料强度和弹性理论密切相关的结构研究。19世纪柯西（Augustin Cauchy）基于伯努利兄弟（Jacob Bernoulli & John Bernoulli）、丹尼尔（Daniel Bernoulli）和欧拉（Leonhard Euler）等人的工作，提出了应力和应变概念，大大简化了工程师对结构的分析。英国的兰金（W. J. M. Rankine）和麦克斯韦（James Clerk Maxwell）提出平行投影和倒数的概念，建立了复杂结构与简单结构相关的图形方式，为研究复杂结构中力的作用提供了新方法。

2.1.2 机器研究

为了满足资本主义工业化对制造业发展的新需求，科学家和工程师开始对理解和改进机器产生了浓厚的兴趣，18世纪对机器的研究大都集中在水车上。英国的斯米顿（John Smeaton）进行了一系列的水车实验，他认识到要想把工程实践同理论联系起来，还需要某种更好的计算基础，因而他发明了一种装置来测定速度与"机械动力"消耗之间的关系，也由此创立了"调参"这一技术科学中的重要研究方法。到19世纪，机器的实验和理论研究结合使得工程师们用"效率"来分析机器，这也成为技术科学的一个基本概念。法国的蒙格（Gaspard Monge）认为，理解机器最好的方式就是将它视为将一种运动转换为另一种运动的部件，并开发了一个类似于林奈植物分类的机械装置分类体系，后来发展成运动学。到19世纪中叶，剑桥大学的威利斯（Robert Willis）观察到机械装置的动作是独立于给定动作的施加，开始通过分析机械部件的运动关系来研究机械原理。19世纪下半叶，机械原理的研究从对单个部件研究转向集成系统，麦克斯韦于1868年在英国对机械调速器的分析形成了最早的反馈控制理论。

2.1.3 热力学的建立

工业革命的生产实践对高效热机需求很大，这就激发了人们对热机背后科学原理的研究热情，从而刺激了热力学的发展。法国工程师卡诺（Nicolas Léonard Sadi Carnot）根据工程师在水力方面的工作，提出了一组类似的条件，以实现热机的最大效率，即众所周知的卡诺循环。1848 年，英国工程师开尔文（Lord Kelvin）根据卡诺定理制定了热力学温标。1850 年和 1851 年，德国数学家克劳修斯（Rudolf Julius Emanuel Clausius）和开尔文先后提出了热力学第二定律，并在此基础上重新证明了卡诺定理。1850—1854 年，克劳修斯根据卡诺定理提出并发展了熵，用来描述耗散热量的"等价值"。尽管热力学理论起源于对蒸汽机的研究，但人们很快就意识到能量和熵的概念不仅限于热现象，而且是可以广泛应用于科学技术现象的普遍概念，这也使热力学成为真正的技术科学。

2.1.4 流体力学

为了改进水利工程、设计更好的船舶和更深刻地理解弹道学，就需要对流体和物体在流体中的运动行为进行理论和实验研究。流体力学的理论研究主要是在欧洲大陆进行的，代表人物是伯努利兄弟、丹尼尔、达朗贝尔和欧拉。与此同时，英国人正在进行一些重要的实验研究，特别是关于物体在空气中的运动，如罗宾斯（Benjamin Robins）使用类似钟摆的装置和旋转臂机构来测量空气阻力如何影响炮弹。欧拉后来使用罗宾斯的数据来发展了弹道学的数学理论。与技术科学的其他领域一样，19 世纪的工程师们开发出了一种更图形化的方法来解决流体力学问题，这在数学理论与实验数据之间架起了一座桥梁，如兰金在造船业引入了"流线"这一术语，也成为技术科学的一个基本概念。

2.2 基于产业的技术科学（1850—1925）

技术科学的早期形成主要是源于学术性研究机构，但 18 世纪后叶和 19 世纪初期的技术科学越来越多地与工业研究实验室联系在一起，这使得技术科学具有了"基于产业的科学（industry-based sciences）"特征[①]。19 世纪后期人们对化学和电磁学的深刻认识促成了大量科学产业（science-based industries）的兴起。化学的发展促成了煤焦油染料、勒布朗制碱法、索尔维制碱法、赛璐珞和塑料等的发明，这些新发明又成为杜邦、巴斯夫、拜耳、法本和柯达等大公司的立业根基。电磁学和电磁感应现象的新发现也迅速转化为电报、电话、电动机、电灯和发电机等新发明，这些发明又催生了西联汇款、美国贝尔电话、爱迪生通用电气、西屋电气、德律风根和西门子等大公司的诞生。随着这些以科学为基础的工业兴起，实业家们意识到新的发现和发明不是源于个别发明家的灵光乍现，而是由一群研究人员通过合理规划的研究过程而生成的。由此，由不同学科背景的科学家和工程师组成的团队式工业研究实验室纷纷诞生，这促使技术科学逐渐具有了产业基础特征。除了工业研究实验室，大学也开始建立与产业密切相关的实验室和研究站。

2.2.1 化学工业

19 世纪化学工业的发展多归功于德国化学家李比希（Justus von Liebig）在德国吉森大学开辟的化学实验室，他发明了大量的仪器和方法供学生分析有机化合物。值得一提的是，他将专注于特定研究问题的系统教学法引入实验室，这标志着技术科学从基于理论实验发展成基于产业的标志。李比希实验室培养了整整一代的化学家，其中霍夫曼（August Wilhelm von Hofmann）作为李比希的学生，发挥了重要的作用，他的学生帕金斯（William Perkins）在 1856 年发现能够将纺织品染成亮紫色的苯胺，巨大的

[①] 鲍鸥. 历经百年沧桑 打造科技基础——俄罗斯（包括苏联）建设科技强国之路. 中国科学院院刊, 2018, 33（05）: 527-538.

商业成功激发了英国和法国寻找新染料的兴趣。霍夫曼通过对第一种苯胺染料的化学分析，提供了一种化学家可以系统地创造彩色染料的方法。1870年代德国开始将理工院校从大学中剥离出来，创造了一种结合理论的系统实验工作模式，将学术界和工厂联系起来。以工厂为中心的德国工业研究实验室因需满足商业需求而持续创新，不断生产出更便宜的新产品，从而获得了极大的商业成功。工业研究实验室促成学术界和工业界之间建立新的联系。随着工业研究自主性的加强，化工企业开始更加依赖大学和技术院校毕业的学生，尤其是拥有博士学位的毕业生；而成功的工业研究实验室也给大学和技术院校带来压力，他们通过调整课程以适应行业的发展需求。由于德国大学和技术院校的大量教师都有在工业研究实验室的工作经历，因而他们的大部分科研成果都应归类为基于产业的科学[①]。化学染料的持续创新很快导致了其他有机化学品的发展，尤其是药品、赛璐珞和塑料，也带动了重化工产品的发展，如碱、酸、化肥和炸药，拜耳、爱克发、柯达和杜邦等公司都仿照化学染料行业的实验室建立了工业研究实验室。

2.2.2 电气工业

19世纪电气工业发展的典型人物是爱迪生，他在美国新泽西州建立了私人实验室（1876年），这不同于以往的工业研究实验室，它也不属于任何公司（但却是公司实验室的原型）。爱迪生实验室的一个重要特征是团队研究，这一点是与化学工业实验室是一样的，基于科学的工业系统中出现的新问题是不能依靠个别发明者和传统试错法来得到解决。电气工业不是基于单一发明，而是基于一系列的发明而形成的系统，如爱迪生的电气照明系统涉及发电机、电线、电路、灯泡、开关和仪表，它们都得一起工作。开发这样一个系统不是一件容易的事，它需要一群人，包括工程师、科学家和企业家的共同努力，而爱迪生本人就是一个集"科学家—工程师—企业家"于一体的复合型人才。1880和1890年代的激烈竞争导致公司合并，但由于许多原始专利即将到期，许多大公司仍面临着不确定的挑战。

[①] König W. Science-based industry or industry-based science? Electrical engineering in Germany before World War I. Technology and Culture, 1996, 37, 70-101.

为了使电气企业能够通过专利控制来分享市场份额，并能够进行持续创新，需要一种新的办法来管理发明和创新过程，这就导致了美国几家领先电气公司在 20 世纪初创建工业研究实验室。1900 年通用电气公司实验室成立之时，爱迪生已经离开公司，他的灯泡原始专利已过有效保护期，实验室在柯立芝（William Coolidge）博士和朗缪尔（Irving Langmuir）博士的领导下开发了一种新的充满氩气的钨丝灯泡，因此在与欧洲金属丝灯泡的市场竞争中占据主导地位。柯立芝和朗缪尔的工作不能简单地归类为科学到技术的应用，他们所做的基础研究一直是在解决实际问题的背景下进行的，他们不仅创造了新的科学知识，同时也解决了实际问题。

电气工业研究实验室有德国化学工业实验室的影子，但还有一些重要的特点。①多学科性：团队成员包括物理学家、化学家、冶金学家、机械工程师和电气工程师；②防御性：化工实验室的目标是发现新产品，而电气实验室的大多研究都致力于通过专利控制和专利干涉来使公司占据主导地位或垄断地位；③整合性：德国化学工业的大部分基础研究是在大学里进行的，但由于电气科学是新事物，基础研究和应用研究不得不同时进行，这对于二者的整合发挥着重要的作用。20 世纪初，许多公司（如美国电话电报公司、西门子公司、飞利浦公司和西屋电气等）都通过建立工业研究实验室来应对市场压力。这些工业实验室研究没有遵循纯科学研究范式，而是开发了新的技术理论和设计方法，即基于产业的技术科学。

2.3 基于军事的技术科学（1900—1945）

20 世纪前半叶政府的军事科技导向对于塑造技术科学发挥了重要的作用。尽管政府对科技发展资助的力度和规模都极为突出，但政府不是为了科学事业而支持科学，而是开始将科学视为一种可以受政治权利操控的类似于技术的知识形态。20 世纪发生的两次世界大战让政府深刻领会科技与国家权力之间的关系，战争要求社会的所有要素，包括科学和技术，都作为战争资源加以利用。在两次世界大战中出现的"军事—工业—学术"综合体将技术科学进一步塑造成基于军事国防的科学，尤其是19世纪后期，配备有大型远程武器的蒸汽动力装甲舰船的海军军备竞赛充分显示了军事和工业联合的优势，例如德国克虏伯公司和英国埃尔斯维克军械公司。

2.3.1 化学武器研究

由于第一次世界大战后不久战争陷入僵局，冲突双方开始调动科学家参与战争以打破僵局，化学在一战期间发挥了特别重要的作用。为了满足对被封锁物品的替代品、新型高爆炸药、毒气及其防御手段的战时需求，双方政府努力促成政府研究机构、大学和化工企业之间建立联系。例如，在德国，哈伯（Fritz Haber）帮助德皇威廉研究所变成了为军队化学战服务的研究机构，法本公司生产研究所研制的新式化学武器。尽管一战被称为化学战，但政府也鼓励其他科技领域的研究，如马可尼公司为英国皇家海军提供通信设备，德律风根公司为德国海军提供类似服务。因为飞机有可能用作战争工具，政府和军队在战前就鼓励和资助航空技术的研究。1909年莱特兄弟第一次试飞不久，英国政府就成立了航空和国家物理实验室咨询委员会，建设了风洞进行航空研究。美国国会成立了美国国家航空咨询委员会（NACA），在斯坦福大学使用参数变异法对翼型和螺旋桨进行风洞测试。

2.3.2 雷达和原子弹研究

尽管政府在一战期间就开始资助和管理科学与技术的互动，但在二战期间政府的资助发生了质的变化。一战中，与化学武器同时发挥作用的无线电通信和飞机并没有发挥决定性的作用，但一些官员开始认识到二战的结束可能取决于尚未发明的武器系统，需要一种通过科学、技术和工业协作来满足军事需求。1940年，即美国参战之前，一群学术界和工业界的科学家和工程师说服罗斯福总统建立国防研究委员会（NDRC）以指导战时研究，后来又建立了科学研究与开发办公室（OSRD），负责管理和监督NDRC和医学研究，研制开发新式武器。由于时间紧迫，NDRC决定不建立自己的实验室而是与大学和产业界签订合同使用他们的实验室和工作人员。这种将大学、产业界和军事相连的组织结构为军方生产了大量武器系统，并使得盟军赢得战争——其中最重要的是雷达和原子弹。

2.4 基于技术域的技术科学（1945—2000）

两次世界大战深刻地表明几乎不存在"纯粹"的科学研究，即使是深奥的且貌似与实用无关的核物理学也催生出了核武器，它不仅结束了第二次世界大战，也定义了二战后的冷战。二战后科学研究的关注点不再是自然本身，而是某项技术，如核反应堆、导弹或计算机，而关注于技术的科学研究导致了以技术为核心的知识域的出现，这些技术域都体现出科学技术一体化的深刻内涵。二战后的冷战使得政府对科技的资助持续增长，政府支持和管理科学技术发展的研究机构也相继成立。美国海军成立了海军研究局（ONR），空军创立了兰德公司，国会创立了国家科学基金会（NSF）、国家航空航天局（NASA）和原子能委员会（AEC）。在此期间，这些机构向工业和大学投入了数百万美元资金，重点资助核武器、固态电子学、火箭、计算机科学、生物技术和纳米技术的研究，技术科学呈现出基于技术域的科学特征，政府也以此种方式实现对科学技术研究方向的指导和把控。与此同时，欧洲也走上了类似的道路，建立了欧洲核研究中心（CERN）、欧洲航天局和法国国家科学研究中心（CNRS）。

2.4.1 核武器

原子弹的研制成功促成了二战的结束和随后的冷战局势，这导致美国和苏联将发展重点放在研制威力更强大的核武器上。早期的许多研究主要集中在武器用的钚增殖反应堆或为潜艇提供动力的小型反应堆，但到了1950年代中期，为了响应"原子换和平"计划，研究开始转向核动力反应堆的民用研究。这些研究使得物理学变得与技术更为密切，哈佛大学在1946将其工程学系改为工程学和应用物理系，不久后康奈尔大学也建立了工程物理系。核物理学也通过新式实验设备（如战时微波研究产生的粒子加速器，最初用于核武器或探测导弹的探测器）被技术所改变，这种对技术的依赖开始影响核物理理论的发展。此外，这些新式的实验设备是如此庞大、复杂和昂贵，需要它们的实验只能由国家甚至国际实验室的研究团队进行管理。

2.4.2 空间竞赛

与核武器研制密切相关的是运载核武器的导弹。德国在二战期间成功研制的 V-2 导弹，刺激了战后弹道导弹的发展以及美苏之间的太空竞赛。导弹的发展为核武器的运载和卫星的发射提供了手段，而卫星可用于通信和侦察。太空科学探索一直是美苏军备竞赛的副产品，太空竞赛将政府、军事、学术和工业研究结合在一起。与核研究一样，太空计划改变了科学的性质，尤其是高度依赖探测技术的行星科学和天文学，新的行星探测器和太空望远镜的研制需要一个由天文学家、物理学家、航空工程师、机械工程师、电气工程师和计算机科学家组成的跨学科团队来完成，而且大部分设备的建造需要政府的资助。因而，空天技术的研究必须由国家或国际实验室来管理。

2.4.3 固态电子学

20 世纪二三十年代，物理学家开始将量子力学的理论应用于固态材料，并开始研究半导体材料的电子行为。战时对雷达的研究使人们对半导体的性质有了新的认识，战争结束后，贝尔实验室成立了一个由理论物理学家和实验物理学家组成的跨学科的研究团队，相继开发出点触晶体管和结型晶体管。美国军方是晶体管发展背后的主要推手。陆军通信兵对通信设备的小型化特别感兴趣，在晶体管的高成本限制了民用的时期，军队成为晶体管的主要消费者。也是军方推动电子工业从锗转向硅，硅更适合用于导弹和核动力船舶。军方还鼓励向工业界和大学传播有关晶体管的知识。朝鲜战争结束后，随着军用晶体管市场的衰落，新的民用市场开始出现，如助听器和收音机。晶体管的许多民用起源于日本，日本曾被禁止拥有军队，因此寻求晶体管的其他应用。20 世纪 50 年代下半叶，肖克利离开贝尔实验室，在斯坦福工业园创建了一家新公司，旨在鼓励大学和私营企业之间的合作，这成为硅谷的开端。晶体管新市场的成功导致晶体管电路制造的改进。1959 年，德州仪器公司的基尔比（Jack Kilby）和仙童半导体公司的诺伊斯（Robert Noyce）分别独立发明了集成电路。

2.4.4 计算机和计算科学

现代计算机是科学和技术结合的产物，它的发展也导致了一门新的技术科学的诞生，即计算科学。在核心存储器、晶体管和集成电路改变计算机硬件的同时，计算机软件的发展也发生了重大变化。随着人们认识到计算机本质上是对符号的操纵，可以通过"编码"将计算机指令输入机器中并得到执行，更高级的编程语言（如 FORTRAN 和 COBOL）被开发出来，能控制多个程序运行的操作系统也被创建出来。计算机硬件和软件的发展相结合，导致了计算机科学的兴起，这是一门典型的以人工制品为研究对象的技术科学。到 1968 年，计算机科学领域的许多人都不再关注计算机本身，转而将计算作为研究焦点，这导致了对算法的研究，这个关注点的变化进一步混淆了科学与技术之间的区别，因为计算可以看作是人对事物的构建，既是技术，也可以看作是数学分支，具有科学基础。到 20 世纪末，计算的思想被用来模拟物理和生物现象，包括人类智能，维纳（Norbert Wiener）和毕格罗（Julian Bigelow）在二战期间对高射炮所做的工作导致了机器控制和反馈数学理论的发展，成为控制论的基础。从 1950 年开始，受维纳的影响，图灵（Alan Turing）提出了计算机可以部分替代智能行为的想法，这奠定了人工智能领域的发展。

2.4.5 材料科学：激光，超导和纳米技术

量子力学在固体中的应用使人们对原子结构和材料整体性能之间的关系有了新的认识，这开启了设计特定属性材料的可能性。人造卫星发射成功后，美国国防部高级研究计划局（DARPA）开始对开发能够在导弹和太空极端环境中的功能材料产生兴趣，美国政府通过 DARPA 资助了一些大学

的跨学科材料研究实验室，支持电子显微镜、X 射线衍射和核磁共振等新技术的研发，激光、超导和纳米技术都是重要的材料科学研究成果。

2.4.6 生物技术

生物技术是以生命科学为基础，利用生物（或生物组织、细胞及其他组成部分）的特性和功能，设计、构建具有预期性能的新物质或新品系，以及与工程原理相结合，加工生产产品或提供服务的综合性技术。生物技术与计算机科学和材料科学密切相关，它深刻地体现出这门技术科学的基于技术域的特征。生物技术的发展主要源于 DNA 双螺旋结构的发现（1953年）。基因密码的破译为生物技术开辟了新的应用领域，随着第一家基于基因工程的公司 Genentech（1976 年）的成功，大量新公司如 Biogen 和 Amgen 相继成立。由于许多公司是由大学研究人员创建的，因而很多大学也开始创建实验室和教育机构，其目的是创造新的生物技术产品商业机会。这进一步模糊了工业研究与学术研究、纯科学与应用科学之间的界限。2000 年，在政府和私立部门的同时推动下，人类基因组测序草图成功绘制，这是一项规模宏大，跨国跨学科的科学探索工程。

2.5 基于工程技术多学科会聚融合的技术科学（2000— ）

随着人与自然和人与人之间矛盾的复杂化，人类所面临的能源、资源、人口、健康、信息、安全、生态与环境、空间、海洋等一系列重大问题无法通过单学科、跨学科乃至交叉学科式的科研活动得以解决。2001年，美国以"会聚四大技术，提升人类能力"的圆桌会议首次提出了"会聚技术"的概念[①]，强调纳米技术、生物技术、信息技术和认知科学的协同

---

① 米黑尔·罗科，威廉·班布里奇编. 聚合四大科技, 提高人类能力. 蔡曙山, 王志栋, 周允程等译. 北京: 清华大学出版社, 2021.

融合式发展。这个"会聚"直指人脑与意识，这是技术延伸人类器官的最高层级，这个"会聚"发展将显著改善人类生命质量，提升和扩展人的技能，它将缔造全新的研究范式和全新的经济模式，大大提升整个社会的创新能力，从而增强国家的竞争力，也将对国家安全提供更强有力的保障。2016年，*Science*期刊在技术展望栏目刊登了诺贝尔奖获得者夏普（Phillip Sharp）的文章，再一次提出要通过会聚物理学、工程和生物医学等学科和技术解决医学健康的需求。中国科学院科技战略咨询院肖小溪等[①]指出融合式研究的特点在于融合创新价值链、学科、权益相关方等多种要素，瞄准重大应用问题的解决。会聚和融合对应的英文单词都是"Convergence"，是指不同学科、不同技术和工程的交叉融合，会聚更强调解决实际问题的目的性，融合更强调解决问题的知识、方法、手段和路径的交叉重构。在科技创新驱动经济社会发展的大趋势下，发展前沿技术无疑成为各国的发展战略，但当今以技术科学为基础的技术创新战略，不独限于一门技术科学的前沿技术领域，而且要着眼于当代各门技术科学及其前沿技术交叉融合的新态势。

当今技术科学是一门广泛的学科，融合了许多不同的科学原理和作为工程技术基础的相关科学，它将工程学、生物学、化学、数学和物理学与艺术、人文、社会科学等领域的知识相结合，以应对最严峻的挑战并促进全球社会的福祉。其多学科融合不仅体现在自然科学（如数理化天地生）内部的知识融合，还体现在"科学—技术—工程"的纵向知识融合，而且随着工程的价值性和目的性日益被重视，社会科学的知识融合也日益加强。尤为强调技术体系和工程控制系统，强调整体设计和优化研究，强调自然科学与人文社会科学的融合，见图2.5.1。

人工智能是当代最有代表性的技术科学，它是由核心算法与应用场景协同作用的结果，汇聚了大数据、云计算、物联网等数字技术的力量，已经在物质生产技术体系的矛盾运动中表现出极其强大的主导趋势，其强大的融合（嵌入）能力（图2.5.2，基于人工智能专利和ISI-OST-INPI分类体系），致

[①] 肖小溪，刘文斌，徐芳，陈捷，李晓轩. "融合式研究"的新范式及其评估框架研究. 科学学研究，2018，36（12）：2215-2222.

使其一旦被应用于其他技术领域，便不再冠名以"人工智能"，如应用到汽车驾驶领域，便成为"无人驾驶"，应用到医疗领域，便成为智能医疗。

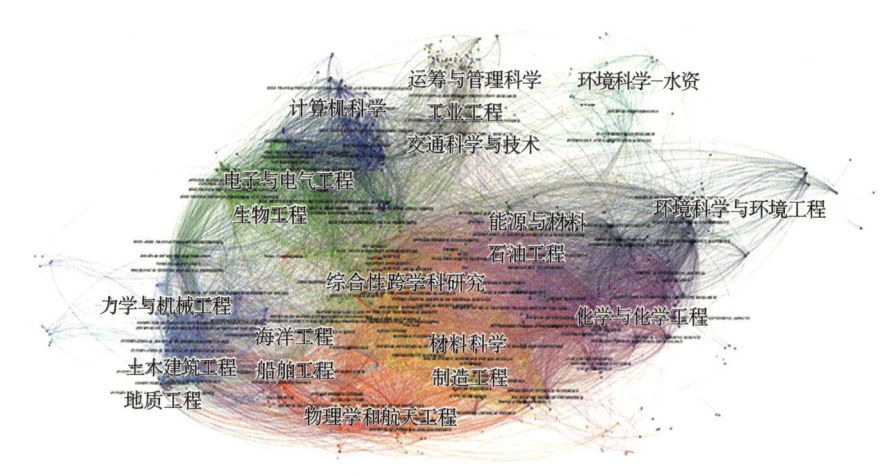

图 2.5.1　现代工程技术学科知识体系结构图谱[①]

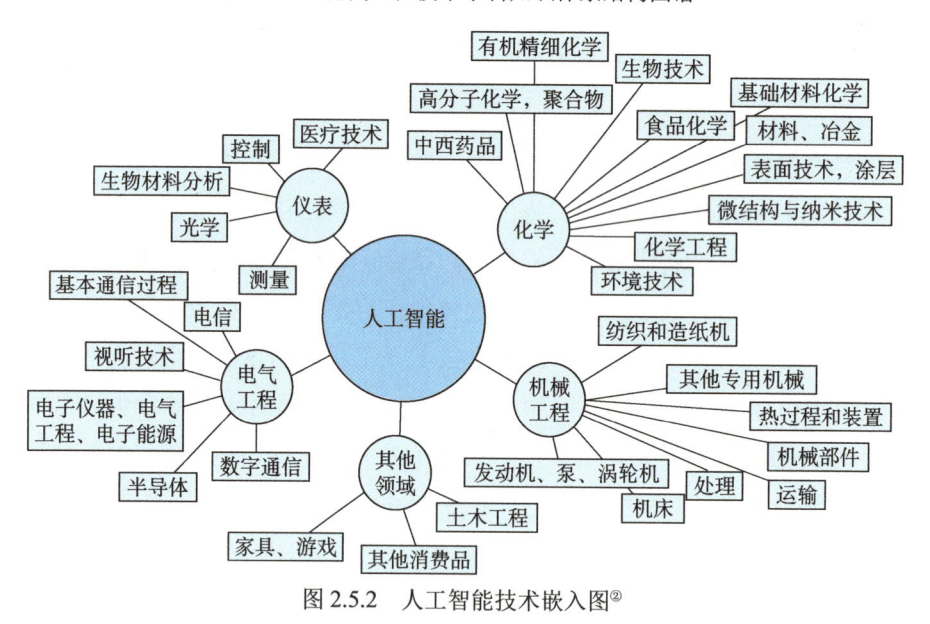

图 2.5.2　人工智能技术嵌入图[②]

---

① 基于 WoS 数据库收录的 ESI 学科类别"Engineering"下的 905 本期刊于 2013—2020 年间引用的 1 299 435 篇文献绘制的期刊共被引图谱（期刊被引频次高于 2000 次），以直观地显示现代工程技术之间的融合态势。

② 陈悦，王康，宋超，宋凯. 基于技术融合视角下的人工智能技术嵌入态势研究. 科学学研究，2021，39（08）：1448-1458.

三、技术科学与科技强国建设

技术科学的基本特征，决定了它不仅具有一般科学的广泛社会功能，而且具有引领前沿技术、促进自主创新、塑造战略思维、支撑工程教育和推动生产力发展的独特功能。作为关于人工自然过程的一般机制和原理的学问，技术科学是以自然科学为基础，为工程技术服务的[①]。如果将自然科学比作人体的大脑，将工程技术比作人体的四肢，技术科学就是人体的躯干。当前大国的博弈实际已进入技术科学决胜的现实情景[②]，技术科学作为科学技术这第一生产力的重要组成部分，在科技强国的建设过程中发挥了重要作用。

3.1 技术科学引领技术发展的功能

技术科学引领发展，新一轮科技革命和产业变革正在孕育兴起，科学技术越来越成为推动经济社会发展的主要力量。技术科学引领技术发展的功能体现在引领共性功能、形成战略科技力量的集聚功能和突破"卡脖子"瓶颈的导航功能，充分发挥技术科学引领技术发展的功能，有利于在技术科学基础上实现突破和创新。

---

① 刘则渊，陈悦. 现代科学技术与发展导论. 大连：大连理工大学出版社，2011：133.
② 陈悦，宋超，刘则渊. 技术科学究竟是什么？. 科学学研究，2020，(01)：3-9.

3.1.1 技术科学的引领共性功能

技术科学的首要功能，在于它的研究成果揭示了多门工程技术共性的规律与原理，其研究前沿能够引领前沿技术的发展。在钱学森先生的三部门观点中，技术科学可以将基础科学研究成果转化为技术的突破，在拥有适合的基础条件和社会环境时，实现前沿技术的原始创新[①]。技术科学既是前沿技术的生长点，也是前沿技术研发的基础，只有重视技术科学研究，才能进入前沿技术领域并取得重大进展。

> 技术科学是联结纯基础学科和工程学的桥梁，是解决现实生产问题、实现技术创新突破、生产更新换代必然涉及的应用基础科学，其研究成果往往在工程技术领域起到原始创新的关键作用。
>
> ——中国科学院院士　程耿东

> 技术科学是国防装备创新发展的基础，无论是装备发展需求下的技术科学，还是技术科学推动下的装备发展，两者是相辅相成、相互促进的。
>
> 老一辈科学家钱学森先生是我国最早提出技术科学思想的，他提出技术科学是基础科学与工程技术密切结合而产生的一大门类新的知识体系，是两者创造性结合而产生的新知识，是沟通基础科学与工程技术的桥梁。技术科学的问题产生于工程实践，通过科学的分析和提炼，创造出工程技术理论，再指导工程实践。所以，技术科学是从实际中来，再向实际中去。
>
> ——中国科学院院士　祝学军

> 随着社会发展到今天，很多技术实际上是从现实需求当中尤其是重大需求中产生的。我们提倡做有组织的研究，解决我们面临的一些重大的需求问题，并针对重大的需求问题来提炼出它的技术和科学，我们把这一段叫作技术科学。它是介于纯技术和纯科学之间的，不能单纯地叫

---

① 杨中楷, 刘则渊, 梁永霞. 21世纪以来诺贝尔科学奖成果性质的技术科学趋向. 科学学研究, 2016, 34（1）: 9.

> 作技术，也不能单纯地叫作科学，所以叫技术科学。它既带有技术上的创造，也兼顾科学上的发现，通过技术的进步来推动科学上的发明。
>
> ——中国科学院院士　邹志刚

> 技术科学，不同于纯粹的技术，不同于工程技术。简单地说它是基础科学和工程技术结合当中产生的一门新的学问。人类发展是从我们生产生活中的实际需求中出现某些问题，我们再想办法去解决，有技术能用就直接用，技术达不到的时候再回来想，换新的思路去做。
>
> ——中国科学院院士　郭烈锦

> 一个复杂的工程或者是新的工程，一定还有一些子系统尚没有成熟的技术。那么这个时候要能够界定出来不成熟的技术是什么，要把它搞清楚，最重要的是要看清楚技术背后的基本原理。
>
> 技术背后就需要科学来支撑，没有科学来支撑，得到的技术是匠人的精神，这就是"匠"跟"师"的区别。一般情况下，技术科学是有纯科学作基础的，它是有需求但还没有解决原理的问题。
>
> ——中国科学院院士　陈云敏

问题：（1）技术科学的传统范式：建模构造是不是具有普遍性与引领性的范式？

"范式"（Paradigm）这一概念最初由美国著名科学哲学家托马斯·库恩1962年在《科学革命的结构》中提出[①]，指的是常规科学所赖以运作的理论基础和实践规范，是一个科学共同体成员所共有的东西，是由共有的信念、价值、技术等构成的整体。换言之，一个科学共同体由共有一个范式的人组成。其中，共同的基本理论、观点和方法形成了"范式"的重要内容。

在方法论层面，"范式"可以回答研究方法的理论体系问题。这些理论和原则对特定的科学家共同体起规范的作用，协调他们对世界的看法及其

---

① 托马斯·库恩. 科学革命的结构. 金吾伦，胡新和译. 北京：北京大学出版社，2003.

行为方式[①]。钱学森先生1957年在《论技术科学》中也明确提出，技术科学的研究方法主要分为三步：认识问题、建立模型、分析和计算。这里的模型，就是通过技术科学工作者对问题现象的了解，利用其考究得来的机理，吸收一切主要因素、略去一切不主要因素而制造出来的"一幅图画"，一个思想上的结构物[②]。在传统的技术科学研究工作中，技术科学工作者往往是在充分认识问题后，通过系统且大量的实验研究，探明并总结规律，从而构建模型和方法，并利用在实际应用场景中得到的数据和反馈，不断验证实验中得出的理论并优化建模，最终形成具有普遍性的理论，为关键技术的突破以及实际工程问题的解决提供坚实的理论基础。

由于范式是某一科学群体在一定时期内基本认同并在研究中加以遵循的学术基础和原则体系[③]，因此其具有典型的阶段性特征。从科研范式的阶段来看，包括以记录和描述自然现象为特征的第一范式；通过抓住客观事物本质特征，抽象简化实验模型，近似客观实际研究进行实验研究和公式推导的第二范式；基于大科学装置、重大实验平台、计算机进行实验研究和模拟仿真的第三范式；通过海量数据分析总结或考虑客观实际各种因素进行研究的第四范式[④]。

首先，技术科学的研究都必须严格遵循自然科学的规律，即技术科学工作者除共同的研究方法外，还拥有共同的科学基础。他们对世界的基本认知和理念是共通且能够达成共识的，技术科学中通过建模构造得到的成果也具有相同的自然科学基础和底层逻辑支撑。技术科学工作者们处在一个科学共同体中，共有一个范式。其次，因为技术科学研究工作者构建的模型基于假设，开展大量且可重复的实验，是研究工作者对相关问题在不同情境、不同条件组合下的充分考察，而并非针对某一具体问题而形成的。因此其运用数学这一重要工具，通过建模构造得到的数学模型及理论具有一定的可迁移性乃至预测功能。最后，技术科学相关研究从现实中

[①] 邓仲华, 李志芳. 科学研究范式的演化——大数据时代的科学研究第四范式. 情报资料工作, 2013（04）：19-23.
[②] 钱学森. 论技术科学. 科学通报, 1957,（2）：97-104.
[③] 于洪波. 基于范式的STS学科演进逻辑分析. 东北大学学位论文, 2009.
[④] 陈套. 科学研究范式转型与组织模式嬗变. 科学管理研究, 2020, 38（06）：53-57.

来、到现实中去，技术科学与现实紧密结合，并根据现实需求不断演进。从技术科学的产生和发展历史来看，技术科学这个新的知识部门的出现以及相关学科，尤其是传统领域的研究成果不断实现突破的时期，也整体处在科研的第二范式、第三范式这两个阶段，技术科学的范式与人类整体的科研范式的特征和趋势是非常吻合的。因此可以说，建模构造是技术科学的传统范式，且具有普遍性和引领性。

> 你现在看到的一些科学，指的是技术科学，都具有这种类似的特点；虽然各个不同的技术科学有所不同。
>
> 数学就不是这样，数学就没有这样的东西。它不是根据物理对象建立一个模型来分析这个模型。
>
> 研究力学的人相信力学属于自然科学。力学的定量研究，模型研究是通过实验观察这么一套东西，我们是相信力学的这套东西，这个是人类认识论或者说形而上学的认识论中很标准的一套东西。
>
> ——中国科学院院士　程耿东

问题：（2）技术科学的新范式：数据驱动是不是具有颠覆性与引领性的范式？

产生于特定的历史时期和特定的科学家群体，"范式"的基本理论和方法不是固定不变的，而是随着科学的发展发生变化。现代科学方式主要是第二和第三范式，也开始注重第四范式[1]。在经历了经验科学、理论科学、计算科学的科学研究范式后（如图 3.1.1 所示）[2]，当今的科学研究的第四范式注重数据探索，统一于理论、实验和模拟。其主要特征是：数据依靠信息设备收集或模拟产生，依靠软件处理，用计算机进行存储，使用专用的数据管理和统计软件进行分析。正如钱学森先生在 1957 年做出的重要预测："由于电子计算机的创造，数字计算方法将更加多用，技术科学的研究方法将起大的变化"。科学研究第四范式的产生，一方面是由于科学研究范

---

[1] 邓仲华，李志芳. 科学研究范式的演化——大数据时代的科学研究第四范式. 情报资料工作，2013，（04）：19-23.

[2] Stewart T H，Tolle T K. The Fourth Paradigm. Microsoft Press，2009.

式本身的发展，另一方面是由于外部环境的推动。随着信息技术的发展，社会环境的变化，促使新的问题不断产生，使科学研究范式受到大数据、信息技术发展、科学研究过程、科学数据管理贡献价值等各个方面的挑战。

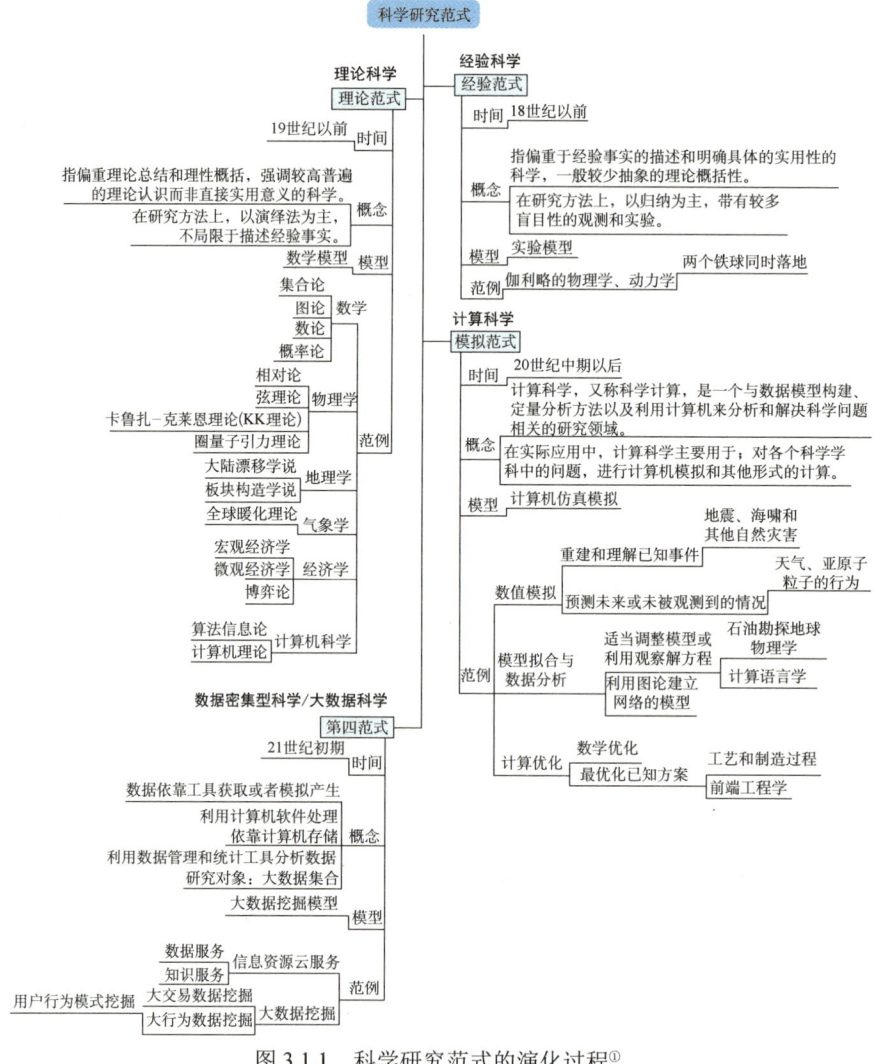

图 3.1.1 科学研究范式的演化过程[1]

科学研究第四范式是针对数据密集型科学，由传统的假设驱动向基于

---

① 邓仲华，李志芳. 科学研究范式的演化——大数据时代的科学研究第四范式. 情报资料工作，2013，(04)：19-23.

科学数据进行探索的科学方法的转变。当前技术科学领域的部分研究也呈现出数据驱动的特征，极大地改变了技术科学研究的传统方法和理念。一方面，部分技术科学工作者通过分析各种数据来进行科学研究并取得科学发现，开展数据驱动型科学研究，在此基础上主要依靠对数据的分析而做出数据驱动型科学发现。例如，基于数据驱动的盾构装备相关技术和设备的改进、地质条件的动态监测、电力系统的优化、金属材料设计等，都依赖于电子、通信、计算机等技术的飞速发展和各类大规模数据的收集和计算，为当代技术科学研究提供了全新的素材、研究对象和研究思路。另一方面，大数据也塑造了科学共同体的新型合作模式[①]。大数据技术背景下，科研数据得以深度共享，科学家可以在一定程度上共享直至协同处理海量科研数据，甚至社会公众也参与到新知识的生产中来。数据共享使得科学共同体更为凝聚，并且科学共同体间的相互依存度不断提高，合作模式也不断拓展。比如，对海洋的观测就需要计算机领域、海洋领域、气象领域等科学家通力协作，共同处理连续的模型设计、自动化的数据治理控制和校准、进行数据分析计算和可视化等过程的合作。可以说，数据驱动的科研范式已逐渐触及并即将融入技术科学的多个领域，其对技术科学研究的颠覆性和引领性是显而易见的。

> 科学的发展，现在有四个支撑：理论、实验、数字模拟、数据驱动。数据驱动能发挥作用，但不能完全取代传统的建模构造范式。
> ——中国科学院院士　程耿东

问题：（3）如何从人工智能发展来诠释技术科学的浪潮式发展与螺旋式上升？

人工智能由人工智能理论、方法、技术及应用系统等几部分组成，它是在计算机、控制论、信息论、数学、心理学等多种学科相互融合的基础

---

① 丁大尉. 大数据技术带来科学知识生产新模式.（2022-07-26）. https://baijiahao.baidu.com/s?id=1739397688815452585&wfr=spider&for=pc.

上发展起来的一门交叉学科①。人工智能最早源于 1936 年，英国数学家图灵在论文《理想计算机》中提出了图灵机模型的概念。然后 1956 年在《计算机能思维吗？》一文中提出机器能够思维的论述，即图灵实验。之后计算机的发明和信息论的出现为人工智能发展奠定了良好的基础。在 1956 年的达特茅斯会议上，Marvin Minskey、John McCarthy 等科学家围绕"机器模仿人类的学习以及其他方面变得智能"展开讨论，并首次提出了"人工智能"的概念。在之后的十余年间，人工智能迎来了第一次发展热潮，在这次浪潮中核心在于符号主义，即用机器证明的办法去证明和推理一些知识。比如，1956 年 Newell 和 Simon 在定理证明工作中首先取得突破，开启了以计算机程序来模拟人类思维的道路；1959 年第一台工业机器人诞生；1960 年 McCarthy 建立了人工智能程序设计语言 LISP 等。这些成果使人工智能科学家们认为可以研究和总结人类思维的普遍规律并用计算机模拟它的实现，并乐观地预计可以创造一个万能的逻辑推理体系。但由于早期的人工智能大多是通过固定指令来执行特定的问题，并不具备真正的学习和思考能力，问题一旦变复杂，人工智能程序就不堪重负。

第二次发展热潮是 20 世纪 70 年代中期至 21 世纪初，在 1977 年第五届国际人工智能联合会会议上，Feigenbaum 教授在特约文章《人工智能的艺术：知识工程课题及实例研究》中系统地阐述了专家系统的思想并提出"知识工程"的概念。至此，人工智能的研究出现了新的转折点，即从获取智能的基于能力的策略变成了基于知识的方法研究②。这时期所进行的研究，是以灌输"专家知识"作为规则，建立协助解决特定问题的"专家系统"。虽然有一些实际的商业应用案例，应用范畴却很有限，尤其是 1991 年日本政府"第五代计算机工程"的宣告失败，使人工智能发展再一次步入低谷，第二次热潮也就慢慢趋于消退。

近些年，大数据时代的到来和深度学习的发展象征着人工智能的发展迎来了第三次发展热潮，连接主义大放光彩。1997 年，IBM 的深蓝（Deep

---

① Li B H, Hou B C, Yu W T, et al. Applications of artificial intelligence in intelligent manufacturing: a review. Frontiers of Information Technology & Electronic Engineering，2017，18（1）：86-96.
② 朱祝武. 人工智能发展综述. 中国西部科技，2011，10（17）：8-10.

Blue）机器人在国际象棋比赛中战胜世界冠军卡斯帕罗夫，引发了人类对于人工智能的思考①。2016 年，英国初创公司 DeepMind 研发的围棋机器人 AlphaGo 通过无监督学习战胜了围棋世界冠军柯洁，让人类对人工智能的期待提升到了新的高度，在它的带动下，人工智能迎来了又一轮发展时代。2019 年，上海举办了世界人工智能大会，会议集聚了全球人工智能领域最具影响力的科学家和企业家以及相关政府的领导人，围绕人工智能领域的技术前沿、产业趋势和热点问题发表演讲和进行高端对话，开启人类对于人工智能发展的新一轮探索②。

马克思讲过"事物的发展是螺旋式上升和浪潮式前进的，虽然道路是曲折的，但前途是光明的"。技术科学在哲学上也可以被称为事物，因此其发展也有浪潮式前进和螺旋式上升特点，该过程可以在人工智能的发展中窥见一斑。现在处于一个充满人工智能的时代，人工智能是新一轮产业变革的核心驱动力，从世界主要大国纷纷在人工智能领域出台国家战略以抢占人工智能时代制高点的国际环境来看③，人工智能将进一步释放历次科技革命和产业变革积蓄的巨大能量，催生出智能化的新技术、新产品、新产业、新业态、新模式。

> 人工智能有三个来源或者三个组成部分。第一个来源叫符号主义，符号主义就是把整个思维过程或者认识过程用符号表达出来。第二个来源叫行为主义，行为主义就是输入和输出之间有一个因果关系，这个因果关系体现在一种行为。第三个来源叫连接主义，连接主义就是不同的对象之间的连接，这个连接体现了它对其他问题的影响，也有跨层次的连接。
>
> 在人工智能的三个来源发展的过程中，有的浪潮是某一个来源起很大的作用，有的浪潮可能是另外一个来源起很大的作用。比如，现在的人工智能浪潮主要是连接主义发挥重要作用，就是从深度学习、从神经

---

① Newborn M，Lieserson C. Deep Blue：An Artificial Intelligence Milestone. Springer，2003.
② 李晓理，张博，王康，等. 人工智能的发展及应用. 北京工业大学学报，2020，46（06）：583-590.
③ 石月. 人工智能各国战略解读：欧盟机器人研发计划. 电信网技术，2017，（02）：42-44.

> 网络、从认识等等考虑不同事物之间怎么连接。在人工智能发展的过程中，是这三个来源在不同阶段发力。一个来源发力的时候，一个浪潮就产生了，下个来源发力就是另外一个浪潮。这是一波一波进行发展的，像工业革命也是一波一波的，也是浪潮式的发展。技术科学的浪潮式发展体现的是任何一个来源或一个组成部分发展到一个地方，可能被堵住了；然后，另外一个来源过来，超过了"拥堵"；再然后，这个来源或组成部分又被堵住了；再往前发展，第三个来源又过来了，发展到一定程度也会被堵住，但是第一个水位蓄高了，可能很快就突破发展瓶颈，这就是浪潮式发展、螺旋式上升。
>
> ——中国科学院院士　杨卫

案例：（1）纳米科技的进展

在钱学森先生的"自然科学、技术科学和工程技术"三部门观点中，技术科学的中介作用可以将基础科学研究成果转化为实用技术的突破和创新，通过把握共性的技术科学原理取得前沿技术的重大突破和原创性发明，进而实现前沿技术的原始创新[1]。这一点可以从纳米科学技术的发展中得到体现：纳米科学技术是从材料科学中发展起来，经过多年技术推广，纳米科技在能源环境、生物医药等诸多产业领域得到应用和技术革新，不仅促进了传统产业改革升级，还推动前沿技术研发。早在20世纪，钱学森就指出："纳米左右和纳米以下的结构将是下一阶段科技发展的热点，会是一次技术革命，从而将是21世纪的又一次产业革命"[2]。

> 从科学上来说，追求纳米科技，新颖性是第一位的，但是新颖的东西并不一定都有用。从技术上来说，实用更为重要，要发展一个技术，如果不具备实用性，这个技术就没用处。所以在某种程度上科学和技术追求的并不一样，一个是要有用，一个是要新颖，这是各自的追求。有

---

[1] 杨中楷，刘则渊，梁永霞. 21世纪以来诺贝尔科学奖成果性质的技术科学趋向. 科学学研究，2016，34（1）：9.

[2] 徐云龙，赵崇军，钱秀珍. 纳米材料科学概论. 上海：华东理工大学出版社，2008：21.

> 一些东西既新颖又实用,这是最好的、最理想的东西,但是这个东西不能强求。
>
> 比如说纳米刚开始的时候,巨磁阻效应是把纳米薄膜叠在一起,就会产生既新的东西,又非常有用的东西,但是有很多东西就不一定非常有用。总的来说,也许他们现在提了虽然新颖但没用的东西,但过几十年以后没准也有用了,所以说新颖还是最主要的追求,是科学上的追求,是更重要的一件事情。
>
> 哪怕是现在不做纳米了,做其他量子技术了,纳米研究发展的一系列的新的方法、新的技术依然非常重要,我觉得对现在的科技起到了非常大的促进作用。所以,从科学上来说,做一件事情可能新颖还是最重要的。
>
> ——中国科学院院士 贾金峰

纳米科技是国家战略性产业的共性技术。在50年前,实现对材料世界的纳米级操控还只存在于科幻小说之中。而进入了21世纪,研发工具将这个幻想变为了现实。相信在不久的将来,纳米科技的产业化和商业化将大范围出现,将从技术突破变成产品落地。现阶段,我国的纳米科学研究已经逐步成为集交叉性、引领性和支撑性的前沿研究领域。纳米技术在能源环境、生物医药、信息器件和绿色制造等领域的应用日益凸显,成为变革性产业制造技术生产的重要源头。纳米科技仍在持续快速地发展,在人类社会生活的应用范围和领域也不断扩大,支撑着各种传统和新兴的产业技术[1]。

案例:(2)量子通信与量子计算

我国作为"规划科学"的代表性国家之一,在不同的历史时期,均会坚持问题导向,开展新的科技革命与产业变革环境下技术科学发展规律、发展趋势、发展战略等重大问题研究。在量子通信与量子计算的发展过程中,"有组织创新"的制度特色和规划优势体现得尤为明显。

以量子计算和量子通信为代表的量子信息技术,是未来突破经典技术

---

[1] 国家纳米科学中心. 国之大器,始于毫末——中国纳米科学技术与发展状况概览.(2017-09-29). http://nanoctr.cas.cn/qydt2017/201709/t20170929 4866757.html.

极限，拓展科学新疆域的重要发展方向，其研究与应用会推动基础科学探索和信息技术发展。在量子通信方面，2016年成功发射的世界首颗量子科学实验卫星"墨子号"，在国际上率先实现了星地量子通信，首次实现了洲际量子通信，验证了基于卫星平台实现全球化量子通信的可行性。2021年，基于"墨子号"量子科学实验卫星技术，我国建成了国际首条远距离光纤量子保密通信骨干网"京沪干线"[①]；在量子计算方面，2020年潘建伟团队成功构建量子计算机"九章"，推动全球量子计算的前沿研究达到一个新高度，实现了"量子计算优越性"的里程碑式突破[②]。2021年我国研制出的62bit可编程超导量子计算机原型"祖冲之号"[③]，在超导量子系统上实现量子优越性展示。这些里程碑事件的发生均离不开中央对于量子科技发展的战略谋划和系统布局（如表3.1.1所示）。

表 3.1.1　我国量子科技相关规划

日期	政策名称	主要内容
2015.05	《中国制造2025》	积极推动量子计算、神经网络等发展
2016.05	《国家创新驱动发展战略纲要》	在量子通信、信息网络、智能制造和机器人等领域，部署一批体现国家战略意图的重大科技项目和工程
2016.07	《"十三五"国家科技创新规划》	研发城际、自由空间量子通信技术，研制通用量子计算原型机和实用化量子模拟机
2016.12	《"十三五"国家信息化规划》	加强量子通信、未来网络、类脑计算、人工智能、全息显示、虚拟现实、大数据认知分析等新技术基础研发和前沿布局
2020.01	中共中央政治局就量子科技研究和应用前景进行了集体学习	会议对量子科技发展寄予了很高的期待，要求培育量子通信等战略性新兴产业，抢占量子科技国际竞争的制高点，构筑起发展新优势
2021.03	《中华人民共和国国民经济和社会发展第十四个五年规划和2035年远景目标纲要》	聚焦量子信息等重大创新领域组建一批国家实验室，重组国家重点实验室，形成结构合理、运行高效的实验室体系。瞄准量子信息等前沿领域，实施一批具有前瞻性、战略性的国家重大科技项目。在前沿科技和产业变革领域，组织实施未来产业孵化与加速计划，谋划布局一批未来产业

---

① Chen Y, Zhang Q, Chen T, et al. An integrated space-to-ground quantum communication network over 4,600 kilometres. Nature，2021，589（7841）：214-219.

② 新华网. 里程碑式突破！——潘建伟团队解说"九章"量子计算机.（2020-12-04）. http://www.xinhuanet.com/2020-12/04/c_1126822540.htm.

③ Gong M, Wang S, Zha C, et al. Quantum walks on a programmable two-dimensional 62-qubit superconducting processor. Science（American Association for the Advancement of Science），2021，372（6545）：948-952.

> 量子通信属于典型的技术科学范畴。做量子科学的，要研究量子通信一些现有的技术究竟在物理上还有什么瓶颈。比如说纠错的问题，或者是单光子源的问题，实际上每一个技术都涉及很重要的、探索性的基础研究，但是目标是很正确的，都是利用量子的特性去发展通信技术。至于做量子基础研究或者做量子科学、量子信息学的人，仍然在作比较发散性、自由探索性的研究。
>
> 为什么这时候会提出路线图，5 年、10 年能达到突破什么。科学研究是自由的，导致很难开展规划，有可能 100 年也干不成，也可能第二天就完成了。不管是自由空间这样的量子通信、光纤量子通信、量子计算机技术、超导还是拓扑量子计算，它的技术应用涉及的相关技术是很明确的，在这个技术上需要的新的基本知识和规律。因为芯片也好、晶体管也好，我们都已经知道它是对电子运动的控制，比如说数字技术就是靠半导体控制电流运动的导通出现的。反常霍尔效应是一个微观世界电子运动的新规律，由于现在电子技术、计算机技术和芯片技术的发展，我们知道一定有这种电子运动规律的控制，是有明确的应用。所以自然就想到，这个规律正好可以解决发热问题、高速传输问题。由于现代科学和技术的发展，很多我们在自由探索的东西，可以马上面对现在的需求和技术，然后就知道它能不能应用。当我们探索科学上新的东西，可以实现从 0 到 1 的发现，一个新的科学规律的探索，并知道这个东西可以做成应用，这就是技术科学。
>
> ——中国科学院院士　薛其坤

为应对激烈的国际竞争，必须充分发挥技术科学引领前沿技术的功能，进一步扩大我国在以量子科技为代表的技术科学领域已经取得的领先优势，在新一轮科技革命中抢占先机。在国家发展规划中，应根据技术科学的特点，给予技术科学在基础研究、高技术研究和基础产业现代化研究各领域以足够的重视和发展空间。

3.1.2 技术科学在形成战略科技力量的集聚功能

案例:(3)美国的国家实验室体系

国家实验室是国家实现自主创新能力突破及推动经济社会发展的重要杀手锏和助推器[1]。"十三五"规划中指出,科技资源的优化配置对于国家的科技创新至关重要,通过统筹规划、系统布局、明确定位,围绕国家战略使命推进以国家实验室为引领的科技创新基地与科技基础条件保障能力建设,是我国实施创新驱动发展战略的必然选择[2]。

美国作为世界头号科技强国,其拥有庞大的国家实验室体系,既代表着美国基础研究水平和自主创新能力的最高水平,同时影响着国家科研管理和科研决策,为美国科技事业的发展立下汗马功劳。

首先,瞄准世界科技前沿是美国国家实验室主要任务,包括关系国家竞争力和国家安全的战略性高技术研究,以及未来技术先导性研究、产业通用技术和共性技术研究等。前沿技术的研究具有研发周期长、承担风险大、技术难度高的特点,光靠市场机制不能解决,必须由国家集中投资和组织,围绕可能突破的重点前沿技术领域进行持续跟踪预见研究,保证开发连续性和稳定性。美国国家实验室从最初的武器设计、反应堆结构等主要方向发展到如今在计算机、信息、空间、生命医学等众多科学技术前沿领域都具有突出的能力和成就,由此掌握未来技术、未来产业发展的先机。美国国家实验室通过技术科学前沿研究获得前沿技术的新成果,与技术科学撬动颠覆性创新的功能特征相符合。

其次,多学科交叉融合是美国国家实验室的重要特点之一。部分美国国家实验室创立之初仅围绕单一目标或设备设施而建,然而自 20 世纪 90 年代以来,随着信息化的发展,大部分国家实验室不断拓展自身研究领域,由此覆盖一系列宽泛的学科领域,向综合性研发平台的方向发展。以美国劳伦斯·伯克利国家实验室为例,注重"多交叉学科融合推动科研创新活动"是其运行模式的重要特征之一,该实验室已形成生命科学、计算

---

[1] 鲁世林,李侠. 美国国家实验室的建设经验及对中国的启示. 科学与社会, 2022, 12 (2): 43-62.
[2] 方圣楠,黄开胜,江永亨,等. 美国国家实验室发展特点分析及其对国家创新体系的支撑. 实验技术与管理, 2021, 38 (6): 1-6.

机科学、地球与环境科学、能源科学及物理科学等多领域的交叉学科融合发展态势[1]。美国国家实验室不独限于某一门技术科学的前沿技术领域，而着眼于当代各门技术科学及其前沿技术交叉融合的新态势。

最后，满足国家重大战略需求是美国国家实验室最初建立的目标，并且以高效完成目标衍生出强大且持久的建设动力。例如，劳伦斯·利弗莫尔国家实验室的形成，起因于处于冷战时期的美国急需发展先进核武器以应对国家安全危机的需求；萨凡纳河国家实验室、西北太平洋国家实验室的建设，则主要辅助美国解决二战后核废弃、核安全及国家安全方面的问题。此外，通过实施一系列大型科研计划，美国在核能、航天、信息科学、材料科学等领域均奠定良好的研究基础，成为推进国家实验室发展的内在动力，如曼哈顿原子弹工程、导弹防御计划、世界互联网、新型清洁能源等重大发明创造，均来自美国国家实验室的研究。美国国家实验室与国家顶层战略决策密切相关，其选题也随着不同时期国家需求和任务的变化而调整和发展，与技术科学战略性引领一脉相承。

> 国家实验室主要目的是做什么事？要集中比较多的人做一件对国家发展科学技术来说非常关键且具有战略性意义的事。这个事一般来讲都有几个阶段，第一个阶段是孕育一件有苗头的事，第二个阶段要小样本试验一下，第三个阶段是扩大为真实尺度和指标的攻坚，就是说真正要想做这个事儿，我这么做行不行？前两个阶段比较适合在大学。第一是新的思想，大学相对更加自由一些，自由探索比较多；第二是小规模的论证式的而不是全尺度的实验，也比较适合在大学里搞，当然科研机构也可以搞；到了第三个阶段即攻坚阶段，这是比较大的坎儿，投入很大，攻关人数众多，却不知道能不能干成。所以这个时候（第三阶段）做这件事，是国家实验室要做的事。国家实验室不是泛泛地都做，它是选一些这样的事去做。当时美国的成立了很多个国家实验室，每一个国家实验室都要做这种事。

---

[1] 谢辉祥. 构建以"学域"为基础的交叉学科枢纽：国家实验室建设带来的新机遇. 科教发展研究，2022，2（03）：79-100.

> 比如说原子弹基本的原理，裂变反应、链式反应、中子减速等，这些东西是大学负责搞出，但你真要把它变成一个可以作为武器的东西，大学就搞不动了，花费太高，这个时候就要积聚力量去做，国家实验室就有这样一个功能，所以美国当年建的国家实验室大部分都是和原子弹这类有关。美国的国家实验室大部分由谁管呢？是能源部管，能源部实际上是管核能。后来又有新的其他实验室，有的就不是能源部管，比如研究喷气推进的 JPL。所以现在有一半是能源部管，还有一半是各个部门管，还有少数是私立的机构管。为了做好与人才培养的互通，有的委托给大学管。
>
> ——中国科学院院士　杨卫

案例：（4）英国剑桥的卡文迪什实验室

为什么我们的学校总是培养不出杰出人才？——这是让中国人心痛的"钱学森之问"。如果能穿越时空去了解如何培养杰出人才，卡文迪什实验室或许是钱学森先生的第一站。卡文迪什实验室是 20 世纪享誉世界科学界的科研和培育优秀人才的主要中心之一，于 1871 年由电磁学之父詹姆斯·克拉克·麦克斯韦所创立，至今已有近 150 多年历史，其研究领域涵盖天体物理学、粒子物理学、固体物理学、生物物理学，是近代科学史上第一个社会化和专业化的科学实验室，由于先后培养出 25 位诺贝尔奖得主，被誉为"培养人才的苗圃"和"世界物理学家的圣地"，其成功经验在世界各国的科研机构和高等教育中产生着广泛而深远的影响[1]，其具备技术科学研究的人才优势和科研资源优势，从而产生知识集聚效应，为形成战略科技力量发挥合力。

卡文迪什实验室多元集聚优势"法宝"主要有以下三点：

一是面向世界汇集和培养人才，打造人才集聚的"磁石效应"，卡文迪什实验室开创面向世界招收优秀研究生的制度，且允许其他大学的研究生来卡文迪什实验室研究，并可授予剑桥大学的高级学位，我国张文裕、赵

---

[1] 徐光善. 卡文迪什实验室人才培养成功经验给我国高等教育的借鉴和启示. 实验室研究与探索，2002，21（6）：39-41，46.

宗尧、李国鼎等科学家都有幸在该实验室进修和研究。此外,卡文迪什实验室依据严格标准选择好带头人,不搞门户之见、论资排辈,对来自不同出身、国度、信仰、性别的人才都能做到平等对待,公平竞争[①]。通过尊重人才、用好人才、留住人才,保持创新力与较高的学术水平。

二是提倡教学和科研相结合,使科教资源集聚"积水成渊",卡文迪什实验室将教育孕育在科学研究中,认为只有实验探索才能取得独特原创的成果,要求物理教学在系统讲授的同时,应辅以表演实验,并要求学生自己动手,以科研带动教学,形成自制仪器设备、学生自己动手做实验的传统,体现科研平台建设能力。而且,卡文迪什实验室首创以大组为单位的科研管理体制,建立行政管理的秘书体制,设立实验室和仪器制造与维修车间,使大科学管理科学化和制度化[②]。由实验室自主更新大型科研仪器和实验设备,利用集聚效应消除信息不对称,进一步提高科研资金和固定设备的使用效率。

三是营造自由宽松的学术氛围,厚培知识集聚的"文化土壤",卡文迪什实验室鼓励自主创新、倡导学术平等,其独创每两周一次的物理聚会和每天下午5点进行的"茶时漫谈会",通过不拘形式的学术交流活动,将不同年龄、不同学科、不同层次的学者们相聚起来,在悠闲的思想交流之中常常会迸发出智慧的火花,形成"在悠闲中治学研究"的剑桥风格。开放的组织文化使显性知识的流动畅通无阻,同时加速隐性知识的传播,随着个体创新产生新一轮的吸收、消化、再创造,充分发挥知识的集聚效应。

> 不同于二战以后美国侧重于发展以力学为基础、面向国防工业的技术科学方向,英国关闭了国内的大部分工业部门,加上受到历史传统特色的影响,使得它的技术科学更偏重基础和共性技术层面,在材料科学、材料物理、先进仪器设备等方面做得非常出色,剑桥的卡文迪许实验室就是一个代表性例子,一百多年培养出数十位诺贝尔奖获得者,20

---

① 阎康年. 卡文迪什实验室成功经验的启示. 中国社会科学, 1995, (04): 180-194.
② 霍国庆, 董帅, 肖建华, 谢晔. 科研组织的核心竞争力体系研究. 科技进步与对策, 2011, 28 (01): 15-19.

> 世纪 70 年代以后大量集中在技术科学领域，如约瑟夫森结、射电天文望远镜、晶体学表征技术、高温超导技术等。
>
> ——南京航空航天大学教授　卢天健

案例：（5）德国 V2 飞弹的研究

战略科学家是科技人才中的"帅才"，是战略家与科学家的复合与叠加。培养使用战略科学家是优化战略科技领域战略布局和改善科技资源战略配置的关键[①]。习近平总书记在 2021 年中央人才工作会议上强调要大力培养使用战略科学家，坚持实践标准，在国家重大科技任务担纲领衔者中发现具有深厚科学素养、长期奋战在科研第一线，视野开阔，前瞻性判断力、跨学科理解能力、大兵团作战组织领导能力强的科学家[②]。战略科学家在二战期间起着举足轻重的作用，甚至成为影响战争形势以及世界格局走向的重大变量，如现代导弹鼻祖 V2 飞弹、喷气式战斗机 Me-262 和人类历史上首枚原子弹等军事科技均由二战时顶尖工程师和科学家所发明，并以最快速度从实验室走向战场。

核心技术突破的过程存在弯路。在提出 V2 飞弹计划之前，德国纳粹最先考虑的是核武计划，1938 年人工核裂变被发现，开发原子核能量成为可能，各国纷纷开启核武器研究计划。例如，美国"曼哈顿计划"、英国"合金管工程"和苏联"铀炸弹"等。作为彼时当之无愧的世界科学中心，德国开启代号为"铀俱乐部"的原子弹研发项目，并钦定首屈一指的量子力学大师海森堡为项目负责人。然而原子弹研发需要消耗大量时间和资源，相比之下，德国元首希特勒更重视坦克战与 V1、V2 飞弹的研发，加之维蒙克工厂的中子水生产储备设施被摧毁，德国纳粹原子弹研究脚步放缓，并于 1942 年初取消核武研究计划，进而寻求 V2 飞弹的技术突破。技术科学研究不仅需要科学家进行正确的方向把握，还需要一定的时间积淀以及大量可持续的资源支撑。

---

① 陈凯华，施一，李博强，杨捷. 大力培养使用战略科学家，夯实国家战略科技力量. 中国科学院院刊，2021，36（Z2）：78-84.

② 求是网. 深入实施新时代人才强国战略，加快建设世界重要人才中心和创新高地.（2021-12-15）. http://www.qstheory.cn/dukan/qs/2021-12/15/c_1128161060.htm.

核心技术突破的未来前景可待。以冯·布劳恩为首的科学家团队研制 V2 飞弹，并于 1942 年年底进行实验。作为德国研制的第一种弹道导弹，V2 能够将近一吨的战术弹头，以最大为 4.8 倍音速的超音速投送到 300 多公里外的地方，从欧洲大陆直接准确地打击英国本土目标。V2 飞弹不仅是世界上最早投入实战使用的弹道导弹，更是真正意义上的现代运载火箭，目前人类使用的所有运载火箭并没有脱离 V2 飞弹的架构。冯·布劳恩既是 V2 火箭之父，更为美国导弹发展做出巨大贡献。纳粹战败后，在美国军方授权下，由著名航空航天学家冯·卡门带着自己最优秀的学生钱学森组建调查团前往德国，不仅将整条 V-2 生产线和大量飞弹搬回本土，更是将冯·布劳恩等大量战略科学家也带到美国，先后研制包括"红石""丘比特"和"潘兴式"等一系列导弹武器，自此美国的火箭工业和太空发展扶摇直上，成为战后美国发展高科技产业的坚实基础。

> V-2 飞弹研究，德国人当时一直想做这个武器，后来就找了海森堡作为首席科学家去做这件事。盟军企图通过其在理论物理学的同行进行策反，但海森堡说他并不支持纳粹，但是他还是德国人，不会背叛祖国。海森堡属于基础和技术科学专家。量子力学很多基本的理论，有海森堡的参与，比如不确定性原理，而另一位科学家冯·布劳恩是以技术科学为主，主要研究导弹怎么能飞起来？当时还有一个非常著名的空气动力学专家，叫普朗特，他是冯·卡门的导师。二战结束以后，冯·卡门和钱学森是代表美军来到德国，想把普朗特弄到美国去，但普朗特坚持留在德国，但是把冯·布劳恩弄过去了，对后来美国的弹道导弹等发展起到很大的作用。
>
> ——中国科学院院士　杨卫

问题：（4）国家实验室为什么集中于技术科学领域？

国家实验室是面向国际科技前沿所建立的新型科研机构和国家开放型公共研究平台，既是体现国家意志、实现国家使命、代表国家水平的战略科技力量，又是重大科技基础设施集群的主要建设者和运行者[1]。2017年《国家科技创新基地优化整合方案》中表明，国家实验室是突破型、引领型、平台型一体化的大型综合性研究基地[2]。基于"三型一体"的内涵基础，我国国家实验室设立多集中于技术科学领域，作为联结基础研究和实际应用的桥梁，推进科学技术的进步和基础研究成果的实用化。既重视研究方向与实际应用的密切结合及其重大应用背景，又力图从基础研究出发，解决从实际应用中提出的关键科学或关键技术问题[3]。

一是建设"突破型"国家实验室要求，大国科技，当有利器。当前，我国面临西方科技封锁，在高端通用芯片、集成电路装备、高端科学仪器制造等多个领域存在"卡脖子"问题。国家实验室以国家需求为导向，多面向国家战略需求中的技术科学问题，完成综合复杂的重大科研任务，具有规模较大、综合功能更强的特点，能够凝聚创新资源，发挥综合交叉、大兵团作战的组织优势，成为快速攻克"卡脖子"关键技术核心的主力军，从根本上改变基础、关键、核心技术受制于人的局面[4]。

二是建设"引领型"国家实验室策略，大国科技，当有先锋。当今世界，新一轮科技革命蓄势待发，重大科学问题的原创性突破正在开辟新前沿新方向，重大颠覆性技术创新正在创造新产业新业态。加快科技创新，建设世界科技强国，需审时度势，面向世界科技前沿，加强研究和开发有望引领未来发展的技术科学战略制高点。国家实验室作为引领型创新基础平台，一方面，瞄准科学技术前沿，聚焦最深处、最底层的科学、技术和工程难题，强化对优先发展领域的前瞻性、系统性布局[5]；另一方面，也要勇做科研旗舰，带领各路科技大军勇闯科技"无人区"，组织开展协同攻

---

[1] 魏阙, 辛欣. 高效能国家创新体系背景下国家实验室建设策略研究. 实验技术与管理: 1-12. (2022-11-30). http://kns.cnki.net/kcms/detail/11.2034.t.20221130.1327.010.html.

[2] 科技部, 国家发展改革委, 财政部. "十三五"国家科技创新基地与条件保障能力建设专项规划. (2017-10-16). https://www.most.gov.cn/xxgk/xinxifenlei/fdzdgknr/fgzc/gfxwj/gfxwj2017/201710/t20171026_135754.html.

[3] 卞松保, 柳卸林. 国家实验室的模式、分类和比较——基于美国、德国和中国的创新发展实践研究. 管理学报, 2011, 8 (04): 567-576.

[4] 中国社会科学网. "三个维度"深入探析新时代国家实验室建设. (2022-04-18). http://www.cssn.cn/zx/bwyc/202204/t20220418_5404078.shtml.

[5] 光明理论网. 发挥"国家队"优势 实现高水平科技自立自强. (2021-07-19). https://theory.gmw.cn/2021-07/19/content_35003593.htm.

关，形成有效的"联合作战体系"。

三是建设"平台型"国家实验室规划，大国科技，要有大军。国家实验室是我国最高层次的创新基地，应加快建设最先进、最大规模的大科学装置，形成开放共享机制，以此打通科技创新链，为其上下游环节提供基础研发和技术转移支撑，打造成为政产学研用"五位一体"的创新平台。综合性平台国家实验室是推进科技强国建设的重要载体，一方面通过重大科技创新以实现科技与经济社会发展的良性互动，解决科技与经济社会发展"两张皮"问题；另一方面推动科技成果快速转化，破解科技成果转化难题，其汇聚各路科技大军协同攻关，承担更多跨学科科研项目，从而形成跨学科大学科优势，成为培养我国科技创新大军基地。

> 国家实验室都是有国家目标的。设国家实验室的时候，国家目标就已经定下来了。国家实验室肯定就不是自由探索为主，它是基于已经获得基础研究的一些最尖端、前沿的思想，把这个思想转化成为能够提高国家竞争力，尤其是科技方面的竞争力，科技、军事、经济等这些方面竞争力的一个具体的目标。这个具体目标不一定已经做成了，大部分都还没有做成，为这样的一个目标而前进。这样的东西就是典型的技术科学，还没有到工程技术，先要把整个思路给搞出来，搞出来以后再看如何把这个目标完成。到了工程技术阶段后，再实行指标性的管理。比如我要做成一个飞机，这个飞机的马赫数要达到 10，隐身在雷达反射截面上要比现有的飞机小一个量级，这些都是指标。一开始是要提出做一个高隐身的飞机，然后再去论证怎么实现这么一个飞机。这个飞机如果采用这样的思路，大概速度可以达到多少，隐身能力可以达到多少，上面可以携带什么样的武器。最后论证出来，这些指标作为将来工程技术需要完成的目标。
>
> ——中国科学院院士 杨卫

问题：（5）全国重点实验室的重组为什么以技术科学类赛道为主？

2022 年 1 月，科学技术进步法明确规定，"国家在事关国家安全和经济社会发展全局的重大科技创新领域建设国家实验室，建立健全以国家实验室为引领、全国重点实验室为支撑的实验室体系，完善稳定支持机制。"意味着全国重点实验室将取代存在多年的国家重点实验室，成为重要战略科技力量的组成部分。当下，我国面临一些关键核心技术受制于人、基础科学短板突出等问题，需要进行包括科技体制改革在内的一系列改革，全国重点实验室体系重组就是其中的重要部分①。全国重点实验室重组并非仅涉及单个实验室，而是采用试点先行、分批推进的方式调整实验室体系布局②。

2022 年 7 月科技部组织召开了全国重点实验室优化重组工作推进会，遴选出首批 20 个标杆全国重点实验室批准建设。首批 20 个标杆全国重点实验室主要涉及集成电路、人工智能、能源电力、生物育种四个方面，均属于未来全球科技竞争中的关键领域，也属于技术科学领域的核心内容。既着眼于当前"卡脖子"的技术科学领域，又聚焦下一代可以进行创新竞争和产业基础技术竞争的领域，体现前瞻性和战略性，关系到我国国家安全和经济社会发展。

全国重点实验室进一步强化国家重点实验室体系的顶层设计和系统布局，通过多学科、多研究单位协作，促进基础研究、应用基础研究和前沿技术研究融通创新发展，提升国家战略科技力量综合实力③。从"重组国家重点实验室体系"到"建设全国重点实验室"，由"破"到"立"，我国科技创新体系的调整方式与建设路径切合攻克"卡脖子"技术难题的战略。

3.1.3 技术科学在突破"卡脖子"瓶颈的导航功能

技术科学要解决的都是面向国计民生的重大问题，涉及诸多"卡脖子"技术。技术科学研究和发展聚焦于重大系统、重大工程亟须的人才队伍建设，以及核心技术、装备制造的自主创新能力提升，能够为我国攻克

---

① 中国青年报. 创新"国家队"改革释放什么信号.（2020-05-28）. http://zqb.cyol.com/html/2020-05/28/nw.D110000zgqnb_20200528_4-01.htm.
② 21 经济网. 2022 全国科技工作会议：全国重点实验室重组国家重点实验室.（2022-01-07）. http://www.21jingji.com/article/20220107/herald/c5f9d7eb5c6953fdbce074afe0c2cc4a.html.
③ 人民网. 开创国家重点实验室发展新格局，支撑国家战略科技力量建设.（2021-03-10）. http://finance.people.com.cn/n1/2021/0310/c1004-32048242.html.

"卡脖子"瓶颈提供目标性指引。

案例：（6）教育部"长江学者奖励计划"岗位指南

"长江学者奖励计划"作为国家重大人才工程和高校高层次人才队伍建设的引领性工程，自实施以来延揽海内外中青年学界精英，培养造就高水平学科带头人，带动国家重点建设学科赶超或保持国际先进水平。当前，我国高等教育发展进入新的历史阶段，"长江学者奖励计划"的岗位指南进行了调整。2018年，教育部党组印发《"长江学者奖励计划"管理办法》，该《管理办法》编制"长江学者奖励计划"岗位指南，作为岗位设置、选才用才的重要指引和依据。岗位指南中针对"卡脖子"问题设置六大特设岗位领域，均集中于技术科学领域，一方面，突出"高精尖缺"需求导向，紧盯国家战略需求，大力培养引进掌握"卡脖子"关键核心技术的科技领军人才和基础研究领军人才，指导高校结合国家、行业、地方发展需求与学校优势特色学科设置岗位；另一方面，引导高层次人才积极承担或参与国家重大项目，深入研究关系国计民生的重大课题和关系人类前途命运的重大问题。

> "长江学者"的岗位共分成27个领域或者方面，其中21个是常规的，这里有10个是人文社科，然后理科、农科、医科各有一个，剩下8个都是工科，这8个都属于技术科学的范畴。
>
> 除了这21个又列了6个针对与"卡脖子"有关的领域。大部分都是以信息、精密制造类为主，比如网络、控制、机器人这些领域。"卡脖子"是什么意思？第一得有个"脖子"，人家如果卡住你，你就动不了了。这个短板它不可能是基础研究，因为基础研究大部分是探索性的，你不知道会是什么东西。基础研究相当于"脑袋"，工程技术相当于"身子"，中间有个"脖子"，这是两头连的，这就是技术科学。什么叫卡？卡是这个东西别人已经研究出来，可以用它来卡住你，这是"卡脖子"。"卡脖子"就是起码有人研究出来了一个技术，然后利用这个技术可以用独有的手段来卡住你，让你发展不起这个东西。所以"卡脖子"的领域大部分都在技术科学。
>
> ——中国科学院院士　杨卫

问题：（6）为什么在技术科学领域容易形成"卡脖子"现象？

2018年，《科技日报》推出策划已久的"亟待攻克的核心技术"专栏，首篇报道中国在高端芯片制造所需要的顶级光刻机方面的落后状况，直至同年7月3日共刊发35篇报道梳理制约我国工业发展的"卡脖子"核心技术。通过整理得知，其所涉及的核心技术主要集中于材料科学、机械工程和电子、通信与自动控制技术等技术科学领域，从而形成关键核心技术的"卡脖子"现象。此外，即便很多领域已经掌握技术原理，由于配套设备不到位、材料技术不过关、高端工艺环节存在薄弱等问题，使得关键卡点在技术科学领域无法突破，从而形成制约发展的重要短板。例如，高端碳纤维环氧树脂不具备官能度、耐候性等技术，缺少自动化生产设备，导致材料生产与应用相互脱节；ITO靶材的高温精准烧结工艺不足，靶材利用率较低，大尺寸、高密度化靶材鲜有突破。

> 科技日报梳理的我国"卡脖子"技术和材料，包括光刻机、芯片、核心工业软件、高端轴承钢等，很多都涉及材料材质、工艺和加工等问题，均属于技术科学领域。技术科学领域容易出现"卡脖子"现象，主要有三个原因：一是基础研究领域投入不足，基本的科学原理不清楚；二是技术科学与工程技术之间存在一定脱节；三是技术科学涉及面广，需要多学科联合攻关，协同作战。
>
> ——中国科学院院士 申长雨

2022年8月，习近平总书记在沈阳市考察调研时强调，要时不我待推进科技自立自强，只争朝夕突破"卡脖子"问题，努力把关键核心技术和装备制造业掌握在我们自己手里[①]。关键核心技术是国之重器，对推动我国经济高质量发展、保障国家安全都具有十分重要的意义。

案例（7）：航空发动机叶片

以航空发动机为例，作为飞机的"心脏"，它的技术进步与人类航空史

---

① 人民论坛网.努力把核心技术牢牢掌握在自己手里.(2022-08-20). http://www.rmlt.com.cn/2022/0820/654472.shtml.

上每一次重要变革都密不可分①。然而，长期以来，我国飞机发动机材料"卡脖子"问题一直没有解决，我们造不出自己的"心脏"，长期依赖于国外②。叶片作为飞机"核心中的核心"，其设计和制造水平很大程度上决定了发动机的整体性能。就叶片制造来说，它是一项极其复杂的系统工程，占据了整个发动机制造30%以上的工作量③。

> 技术科学在材料领域的重大性突破主要还是在制备技术上，制备技术解决了科学不可控和做不到的问题……国内外做金属材料，过去很明确以位错理论为合理指导，那就是强度和塑性是一对矛盾，提高强度就降低塑性，提高塑性就降低强度。现在多种手段引入后，让它发挥耦合作用，也就是让材料的强度、塑性全部提高。我进一步在这上面增加了一个维度，室温和高温都同步提高。我认为金属材料的强度塑性同时提高，应该上升到一个比较公认的统一的指导，哲学上讲由个性到共性，特殊性到普遍性。
>
> ——中国科学院院士 陈光

航空发动机叶片材料绝大多数都是金属材料，在高温高压下服役时不可避免地会产生与时间、应力及温度有关的蠕变行为，所谓蠕变指的是固体材料在承受恒定荷载或应力（低于材料屈服强度）时缓慢且连续的变形④。同时加上压力、温度变化引起的应力波动带来的疲劳，会产生高温蠕变疲劳失效问题，进一步降低材料的寿命⑤。叶片工作环境的温度已经远远超出了合金的熔点，当叶片材料温度超过一定承受范围，就会造成蠕变断

---

① 彭友梅. 苏联/俄罗斯/乌克兰航空发动机的发展. 北京：航空工业出版社，2015.
② 徐惠彬. 让中国航空发动机叶片穿上国产"衣服". 科学中国人，2018，（07）：64-66.
③ 刘维伟，张定华，史耀耀，任军学，汪文虎. 航空发动机薄壁叶片精密数控加工技术研究. 机械科学与技术，2004，（03）：329-331.
④ Taneike M, Abe F, Sawada K. Creep-strengthening of steel at high temperatures using nano-sized carbonitride dispersions. Nature, 2003, 424: 294-296.
⑤ 周长璐，廖玮杰，唐斌，樊江昆，张平祥，袁睿豪. 蠕变断裂寿命预测方法研究进展. 铸造技术，2022，43（04）：245-252.

裂失效[1]，冷却、合金和涂层成为破解这一难题的关键[2]。技术科学往往都是以问题导向，以现实需求为驱动，具有清晰的目标。通过对冷却、合金和涂层等相关问题进行研究和突破，不断提升制备技术、检测技术、加工工艺及热防护技术等自主创新水平，"让飞机发动机穿上中国人自己做的衣服"。

3.2 技术科学促进自主创新的功能

技术科学是创新链中承上启下的一段，编织着自主创新的多方面功能。

3.2.1 技术科学的原始创新功能

由于自然科学基础理论的重大成就往往成为现代技术创新的理论源泉，人们有时认为只有基础科学才具有原始创新的功能。这实际上是一个误区。因为这忽略了基础科学成果，正是通过技术科学的中介作用，才得以实现技术的突破与创新。在技术科学前沿领域，把理论导向的应用研究和应用导向的基础研究结合起来，可以真正实现原始创新[3]。

> 技术科学促进自主创新，从功能角度来说，真正的自主创新一定是在技术科学基础之上，要在研究的深入发展的基础之上，才能出现所谓的技术自主创新。自主创新有的时候不能瞎撞。一种前人没有做过的创新，有没有意义，有没有必要，是不是符合科学，这是要弄清楚的，没有实现过的事不一定是合理的。自主创新的时候，一定还是要在科学的指导之下，否则做出来的东西看起来是创新，是过去没做过的，但它不一定有意义，不一定合理。
>
> ——中国科学院院士 李应红

---

[1] Pollock T M, Tin S. Nickel-based superalloys for advanced turbine engines: chemistry, microstructure and properties. Journal of Propulsion and Power, 2006, 22 (2): 361-374.

[2] 中央纪委国家监委网站. 打造中国航空发动机叶片"金钟罩". (2018-04-12). https://www.ccdi.gov.cn/yaowen/201804/t20180412_169791.html.

[3] 刘则渊, 陈悦, 侯海燕. 技术科学前沿图谱与强国战略. 北京：人民出版社, 2012.

原始创新成果内容一般体现为重大科学发现、重大理论突破和重大技术创新、实验方法和仪器的重大发明等[1]。科学史上大部分重要的原始创新，相当一部分是从过去的基础来的。在科学发展的不同时期和阶段，不同类别的原始性创新不均衡地出现。在科学启蒙和科学范式形成早期，原始性创新较多地表现为重大科学发现；伴随对自然认识的不断提高和科学的不断发展，以重大理论突破为特征的原始性创新不断增多；而在科学高度成熟、科学和国家利益紧密结合阶段将出现更多的重大技术和方法的发明[2]。原始创新中的技术创新、实验方法和仪器的发明多存在于技术科学研究中，此创新过程也常常是对重大科学发现和重大理论突破的验证、应用、完善过程，因此技术科学的原始创新功能不可忽视。

案例：（8）EUV 光刻机

以集成电路的核心装备光刻机为例，光刻机的分辨率决定着集成电路的制造工艺能力。投影光刻机诞生后的前 20 多年，研究者不断通过采用更短曝光波长和技术改良的方式来提高光刻分辨率[3]。然而，在分辨率跨越 90nm 之后，193nm 氟化氩干式光刻技术遇到了巨大挑战[4]。当时荷兰 ASML 公司和台积电合作研究"浸液式"解决方案，通过改变传统的光刻技术，改变原本镜头与光刻胶之间的介质空气，通过在投影物镜和硅片之间填充高折射率的液体，改变投影透镜的数值孔径，从而提高光刻分辨率，并于 2003 年成功推出第一台浸液式光刻机。虽然浸液式光刻技术已受到很大的关注，但仍面临气泡和污染、抗蚀剂与流体或面漆的相容性等挑战。后来，以波长为 10～14nm 的极紫外光作为光源的 EUV 光刻技术（极紫外线光刻技术）逐渐显露头角。EUV 光刻可使曝光波长一下子降到

---

[1] 陈劲，宋建元，葛朝阳，朱学彦. 试论基础研究及其原始性创新. 科学学研究，2004，(03)：317-321.

[2] 陈雅兰，韩龙士，王金祥，曾宪楼. 原始性创新的影响因素及演化机理探究. 科学学研究，2003，(04)：433-437.

[3] 傅新，陈晖，陈文昱，陈颖. 光刻机浸没液体控制系统的研究现状及进展. 机械工程学报，2010，46 (16)：170-175.

[4] Lin B J. The ending of optical lithography and the prospects of its successors. Microelectronic Engineering，2006，83：604-613.

13.5nm，它能够把光刻技术扩展到 32nm 以下的特征尺寸[①]。EUV 光刻机具备更高的光刻分辨率，生产效率高，光刻工艺简单等技术优势，但光学系统设计与制造极其复杂，难点很多，需要研究者充分掌握和应用科学原理。对 EUV 光刻机核心技术的掌握，也使得 ASML 逐渐成为全球唯——家能够设计和制造 EUV 光刻机设备的厂商，成为超高端市场的独家垄断者，参见表 3.2.1。

表 3.2.1 光刻机工艺的发展史

	光源	波长	对应设备	最小工艺节点	说明
第一代	UV	g-line 436nm	接触式光刻机	800～250nm	易受污染，掩模版寿命短
			接近式光刻机	800～250nm	成像精度不高
第二代		i-line 365nm	接触式光刻机	800～250nm	易受污染，掩模版寿命短
			接近式光刻机	800～250nm	成像精度不高
第三代	DUV	KrF 248nm	扫描投影式光刻机	180～130nm	采用投影式光刻机，大大增加掩模版寿命
第四代		ArF 193nm	步进扫描投影光刻机	130～65nm	最具代表性的一代光刻机，但仍面临 45nm 制程下的分辨率问题
			浸没式步进扫描投影光刻机	45～22nm	
第五代	EUV	13.5nm	极紫外光刻机	22～7nm	成本过高，技术突破困难

表格来源：https://mp.weixin.qq.com/s/MB5FQPzCEX_gfQJcEKztFA

纵观光刻技术的发展，这是原始创新不断实现的过程，也是对基础研究成果中重大发现和理论突破的应用、检验过程。其中，利用了金属锡液滴的等离子态转变：EUV 光源被称为激光等离子体光源，是通过 30kW 功率的二氧化碳激光器每秒 2 次轰击雾化的锡金属液滴（锡金属液滴以每秒 50 000 滴的速度从喷嘴内喷出），将它们蒸发成等离子体，通过高价锡离子能级间的跃迁获得 13.5nm 波长的 EUV 光线。并且，在光刻领域，物理界的瑞利公式 $CD = k_1 \times \lambda/NA$[②③]和"摩尔定律"一样引导着行业的发展，因为瑞利公式决定了光刻分辨率，它所揭示出的光学原理非常重要。光刻机需

[①] 占平平，刘卫国. EUV 光刻技术进展. 科技信息，2011，377（21）：44，418.

[②] Mulkens J，Flagello D，Streefkerk B，et al. Benefits and limitations of immersion lithography. Journal of Microlithography, Microfabrication and Microsystems，2004，3（1）：104-114.

[③] 注：CD（Critical Dimension）表示集成电路制程中的特征尺寸；k_1 是瑞利常数，是光刻系统中工艺和材料的一个相关系数；λ 是曝光波长，而 NA（Numerical Aperture）则代表了光刻机的孔径数值。

要通过降低瑞利常数和曝光波长，增大孔径尺寸来制造具有更小特征尺寸的集成电路。根据公式，光刻机所用光源波长越短，越能描绘微细线宽的半导体电路，研究者往往通过改变光刻机使用的光源及光刻胶材料来降低曝光波长。因此凭借 13.5nm 的极短波长，EUV 光刻被用于攻克 7～3nm 制程。此外，流体力学领域液体在表面张力作用下的失稳，即瑞利失稳也为光刻机技术的创新提供了重要依据。如技术科学工作者利用瑞利失稳原理，进行了 EUV 光源靶滴发生装置及方法等方面的研究[①]。该用于极紫外光刻机光源的锡液滴靶产生装置，利用瑞利失稳原理产生靶滴，再使用激光轰击靶滴获得极紫外光，推动 EUV 光刻技术的进一步发展。

> 产品创新的关键是有技术创新，技术创新的关键是有基础的原理创新。拿 EUV 光刻机来说，光刻机就是拿光来刻蚀，光是有波长的，一般认为光的波长和能够刻蚀的东西有一定关系。比如波长是 100nm，那么刻蚀的东西就最多也到 100nm，或者稍微再小一点。所以从原理上来看，我们现在所有用到的光大概都是几百 nm 的波长，那么怎么可以刻出来 2nm、3nm、5nm 的电路？这个问题有很多思路，有一个思路，比如浸液式光刻机。浸液式光刻机是用聚焦的液体做一个物镜，物镜可以把原来光的波长聚焦，聚的比以前要短。这就需要物镜里面的这些液体非常均匀。举一个例子，液体里面有内应力的，要求内应力的起伏很小，因为有波动以后，光可能有点就散了。然后形状这些也要控制到非常高的级别。浸液式有时候需要弄多次，缩聚，再缩聚，然后再缩聚。
>
> 浸液式做好后，要再想进步就不能用 200 多 nm 波长的光源，要用波长更短的波。科学家发现如果用液态金属的锡，变成液滴状的锡滴下来，然后用高脉冲的激光打在落下来的锡粒上，锡粒受到强激光照射后，就发生失稳，变成很多更细小的有点像等离子态的颗粒。在变成颗粒的过程中，就出来一束新的光，光波长为 13.5nm，比 200 多 nm 的就下降一个量级。而且可以计算出有 90% 的光都变成波长为 13.5nm 的光，然后这样的光再聚焦，这是技术创新。

---

① 浙江大学. 一种 EUV 光源靶滴发生装置及方法：CN202011163837.X. 2021.01.29.

> 原理也有创新，为什么用锡的液滴，然后锡的液滴在光打下去为什么会发生失稳？力学家瑞利当年自由探索的时候有好多发现，瑞利不稳定性就是其中之一。瑞利研究水龙头的开关放水过程，水龙头开得比较大时哗哗下来一柱水，关小到一定程度就不再是一柱水，而是一滴一滴的，这个转变点就是瑞利失稳。同理，本来是一个颗粒，突然变成很小的滴，这个不稳定点，与水龙头放水是一个道理，都是他琢磨出来的，所以科学思想也不是完全新的。要怎么弄个液滴，又弄个激光，激光频率要达到多少，能量达到多少，才可以发生这样一个转变。这样一个转变又能出来90%的13.5nm的光，从而可以做光刻机。
>
> ——中国科学院院士　杨卫

由此，通过光刻机的案例可以看出，金属锡液滴的等离子态转变、瑞利失稳等基础科学成果，正是通过技术科学的中介作用，才得以实现技术的突破与创新，技术科学的原始创新功能是显而易见的。

案例：（9）普林斯顿高等研究院提出曼哈顿工程与冯·诺依曼计算机工程

亚伯拉罕·弗莱克斯纳（Abraham Flexner，1866—1959）是美国著名的高等教育家和改革者，他构想、创办了普林斯顿高等研究院。20世纪30年代，弗莱克斯纳发表文章《无用知识的有用性》（*The Usefulness of Useless Knowledge*），在美国的科学界产生了深远的影响。他提到：在工业中或实验室里遇到的实际困难亦会激发理论层面的探究，从而可能解决他们提出的问题。即使无法解决问题，也可能开辟出新的前景，眼下看似无用，但孕育着未来的实践和理论成果。并且，在"无用"知识或理论化知识的快速积累之下，用科学精神攻克实际难题的可能性越来越大。有些问题的研究不仅解决了近在眼前的难题，而且从实际问题中得出了一些意义深远的理论性结论[①]。

弗莱克斯纳所提到的"无用"知识，从科学技术层次来看，多属于好奇心驱动的基础研究，很多情况下其研究成果的"有用性"很可能以某种

---

① 亚伯拉罕·弗莱克斯纳，罗贝特·戴克格拉夫. 无用知识的有用性. 张童谣译. 上海：上海教育出版社，2020.

无法预见的方式在未来变得"有用"。这种"有用"的实现，一方面，是通过在技术科学领域，充分利用基础研究成果，开展既有理论背景又有应用目的的应用技术研究，发挥"无用"知识的"有用性"。另一方面，可以针对工程技术的共同理论基础开展研究，从而在把握技术科学原理的基础上取得前沿技术的重大突破、原创性发明（original invention），并进而实现前沿技术的原始创新（original innovation）[1]。

技术科学的原始创新功能，从曼哈顿工程和冯·诺依曼计算机工程可以得到充分体现。曼哈顿工程是美国及其盟友在第二次世界大战中实施的制造原子弹计划，其最终目标是赶在战争结束以前造出原子弹。历时三年，耗资20亿美元。曼哈顿工程的起源在物理科学中应首先回到核裂变现象的发现。1938年德国物理学家哈恩和斯特拉斯曼在实验中发现用慢中子照射铀235原子核时，受到照射的铀原子核会裂变成两个更轻的原子核。这个消息传到了丹麦著名物理学家玻尔那里，刚好玻尔应邀前往普林斯顿高等研究院访问。于是1939年1月，这个消息被他带到美国，并在同行中引起震动[2]。基于良好的基础科学研究基础和强烈的战争需求驱动，经过研究人员大量的工作，1945年7月16日，世界上第一次核爆炸成功进行。

曼哈顿计划的参与者、普林斯顿高等研究院的教授冯·诺伊曼在计算机科学、计算机技术领域对人类做出的极具开拓性和影响力的贡献。冯·诺伊曼早期先后从事纯粹数学和应用数学的相关研究，并取得了系列标志性成果。1944年，冯·诺伊曼参加原子弹的研制工作，该工作涉及极为困难的计算。被计算机所困扰的冯·诺伊曼在一次极为偶然的机会中知道了ENIAC计算机的研制计划，从此他投身到计算机研制这一宏伟的事业中。在ENIAC机研制的过程中，冯·诺依曼显示出他雄厚的数理基础知识，充分发挥了他的顾问作用及探索问题和综合分析的能力，并以"关于EDVAC的报告草案"为题，起草了长达101页的总结报告。报告广泛而具体地介绍了包括二进制在内的制造电子计算机和程序设计的新思想。这份

---

[1] 刘则渊，陈悦，侯海燕. 技术科学前沿图谱与强国战略. 北京：人民出版社，2012.
[2] 杨舰，刘丹鹤. 曼哈顿工程与科学家的社会责任. 哈尔滨工业大学学报（社会科学版），2005，(04)：1-6.

报告是计算机发展史上一个划时代的文献，它向世界宣告：电子计算机的时代开始了。一向专搞理论研究的普林斯顿高等研究院也批准让冯·诺依曼建造计算机，其依据就是这份报告。冯·诺依曼提出了计算机制造的三个基本原则，即采用二进制逻辑、程序存储执行以及计算机由五个部分组成（运算器、控制器、存储器、输入设备、输出设备），这套理论被称为冯·诺依曼体系结构。从冯·诺伊曼的研究成果可以看出，他是针对计算机的共同理论基础开展研究，从而在把握技术科学原理的基础上取得计算机领域前沿技术的重大突破和原创性发明，并进而实现计算机前沿技术的原始创新，无愧于其"现代计算机之父"的称号。

> 在普林斯顿研究院，教授们的研究基本都是兴趣驱动。其中表现为两件事：核物理、冯·诺依曼的计算机原理框架。这两件事当时被认为是没用的，后来美国参加二战以后这两件事都起了重要作用，一个变成原子弹了，还有一个将来变成计算机了。
>
> 弗莱克斯纳在《无用知识的有用性》中认为：无用的知识，到最后就有用了，但你不知道他什么时候有用。实际上第一阶段是自由探索，对自由探索出来的东西，后面指不定就有用了。比如从核物理到原子弹，中间经过曼哈顿工程，曼哈顿工程就是技术科学战略。计算机当时的工程基本上也是这样，当时冯·诺依曼还是总指挥、总工程师。
>
> ——中国科学院院士　杨卫

由此可见，数学、物理学等基础研究中的突破性进展为曼哈顿工程的实施奠定了重要基础；冯·诺伊曼扎实的数理知识及其在基础科学领域的研究成果也为其后期参与计算机的研制发挥了重要作用。然而，纵观曼哈顿工程和冯·诺伊曼计算机工程的历史，不可否认的是，相比之下，战争进程的需求或许发挥了更为重要的作用，最终帮助美国取得了前沿技术的新成果，占领了相关领域的技术制高点，也推动了人类知识的进步，使"无用"知识的"有用性"得到了淋漓尽致的发挥，也使技术科学的自主创新功能得到充分体现。

3.2.2　技术科学的集成创新功能

随着人与自然、人与人之间矛盾的复杂化，人类所面临的能源、资源、人口、健康、信息、安全、生态环境、空间、海洋等一系列重大问题无法通过单一学科、单一手段、单一主体等的创新活动得以解决。技术科学的研究方法在采用还原论的同时，重视整体论，一门技术科学覆盖了多门专业工程技术。以技术科学理论和研究方法为基础，有助于实现关键技术及相关技术的集成创新。在此基础上，由一系列技术的集成创新引发以关键技术为核心的技术创新集群，带动基于创新集群的替代产业和新兴产业的集群式发展。

问题：（7）如何从专利保护来理解技术科学的集成创新功能？

专利的真正价值正是源自专利组合中的集聚效应，即专利组合作为整体的集成价值，而不是各自的价值叠加。围绕核心技术持续申请一组或几组外围专利，形成高质量专利集群式布局，树立较高的技术壁垒和领先优势，从而对科技成果进行有效保护和开发应用。从专利保护的这一特征可以明确地体现技术科学的集成创新功能。以芯片为例，通过集群式专利布点，依靠不同专利之间的相互协同作用，有效打破单件专利在技术、时间保护的局限性，建立起完备的知识产权体系，形成"芯片专属"的高价值专利集群，促进专利资源转化和市场化，进而优化产业布局。

技术科学发展离不开专利保护。技术科学相关技术往往居于产业源头，通过良好的专利布局进行有效保护和开发应用，对于技术科学乃至产业发展都具有重要意义。

技术科学具有集成创新特点，需要集群式专利保护。技术科学源于应用、又高于应用，往往涉及的学科领域广、技术点多，有明显的集成创新特点。以芯片为例，芯片是技术含量非常高的领域，被誉为信息领域的"皇冠"，仅一台高端光刻机就有 10 万多个零部件，可以装 40 个标准集装箱。没有系统的集成，单靠一个部门、一家企业根本做不成。这就需要通过专利组合形成专利集群、打造专利池，做好产业布局、行业

> 布局、区域布局，实现系统保护。再例如，我国高铁通过理论突破、试验突破带动技术突破，体现了科学与技术的有机结合，也是技术科学发展的典范。同时，高铁项目集施工、车辆制造、信号控制、运营维护等众多分支项目于一体，其中涉及的专业领域多达数十种，布局了大量的专利技术为其保驾护航，可以说是技术科学集成创新，配合集群式专利布局推动产业发展的典型案例。
>
> ——中国科学院院士　申长雨

案例：（10）浸液式光刻机

一台光刻机由数万个部件组成，集合数学、光学、流体力学、高分子物理与化学、表面物理与化学等多个领域的顶尖技术[1]。每一代新集成电路的出现，总是以光刻工艺实现更小特征尺寸为主要技术标志。因此，光刻机是极大规模集成电路制造核心装备之一，其分辨率决定着集成电路的制造工艺能力[2]。

目前有发展前景的光刻机主要有：极紫外、纳米压印和浸没式光刻。在这些新技术方案中，浸没式光刻技术通过在最后一片投影物镜和硅片之间填充液体，利用液体折射率高于气体的特点，提高光刻分辨率。因其对传统干式光刻技术具有最好的继承性，而受到业界的高度关注。浸没式光刻技术通过浸液方式，可以使投影物镜的数值孔径（NA）增大到满足十几纳米光刻技术节点的要求，基于此，该技术对相应的光学设计与制造提出了众多苛刻的技术要求。

浸没式光刻机是由各种相关技术进行有机融合的一个整体，其中涉及四项关键技术：光源技术、液体物镜技术、镜头加工技术、纳米操纵技术。以薄膜光学元件为例，其面临着光学指标的实现、浸液环境的适应、激光辐照寿命的保障等众多问题[3]。这些问题的解决就需要多个学科进行合

---

[1] 杨武，陈培，Gad David. 光刻机产业技术扩散与技术动态演化——对"卡脖子"技术的启示. 中国科技论坛，2022，（09）：73-84.

[2] 傅新，陈晖，陈文昱，等. 光刻机浸没液体控制系统的研究现状及进展. 机械工程学报，2010，46（16）：170-175.

[3] Zaczek C, Mullender S, Enkisch H, et al. Coatings for Next Generation Lithography. Proc. SPIE, 2008，7101：7101X.

作才能解决。

> 浸液式实际上有四个关键技术。第一个是液体的物镜要做得非常好。第二个是移动，移动就相当于控制它的手术台要做的特别精准。第三个是光源要好。第四个是镜头加工技术。
>
> 这四个技术是决定浸液式光刻机的。我们今年大概可以达到20nm，如果想做的再小也可以进一步努力，最好可以做到7nm，但是现在离7nm还差的还比较远，现在每年稍微进步一点，要再想进步就不能用200多nm波长的光源，要用波长比较短的波。
>
> ——中国科学院院士　杨卫

在光刻机的使用周期内，光刻机的光学薄膜元件需要承受至少数百亿个脉冲。长期的激光辐照会使镀膜光学材料产生各种技术性问题[①]。为保障浸没式光刻机的使用寿命，镀膜元件需在浸液环境下，在长达数年的激光辐照环境下保持其光学性能[②]。所以，为更好地满足浸没式投影物镜的需求，必须设计并制备出大角度保偏膜系以满足物镜中元件的指标要求；实现浸没元件防刻蚀、防渗透等特殊要求；并对镀膜元件长达数年的激光辐照寿命进行正确评估。这些问题涉及光源技术、液体物镜技术、镜头加工技术、纳米操纵技术等技术领域，是需要跨学科技术协作才能够获得系统解决。

综上可见，浸没式光刻机的发展过程中不仅仅只有某个单一技术，而是有各种相关技术进行有机融合，其中涉及四项关键技术：光源技术、液体物镜技术、镜头加工技术、纳米操纵技术。正是这些技术协作，从而实现浸没式光刻技术的发展，进而实现芯片的精密化。在浸没式光刻机的发展中可以看到以技术科学理论和研究方法为基础，有助于实现关键技术及相关技术的集成创新，并且在此基础上，一系列技术的集成创新引发以关

---

① Liberman V, Rothschild M, Sedlacek J H C, et al. Marathon testing of optical materials for 193-nm lithographic applications. SPIE, 1998, 3578: 2-15.

② Liberman V, Switkes M, Rothschild M, et al. Long-term 193-nm laser irradiation of thin-film-coated CaF_2 in the presence of H_2O. SPIE, 2005, 5754: 646-654.

键技术为核心的技术创新集群，可以带动基于创新集群的替代产业和新兴产业的集群式发展。

案例：（11）高性能碳纤维材料与集成电路制备

科学技术领域的集成创新有很多种方式，有集多项常规技术改进可以成就一项重大创新，也有集一项原始创新结合多项常规技术改进形成创新。在近几十年，技术科学的发展越来越依赖多种学科的交叉融合，这也为集成创新提供了新的渠道。这种通过对已有学科资源进行结构调整，进行大跨度的学科或专业交叉的方式进行集成创新，可从高性能碳纤维材料与集成电路制备的发展窥见一斑。

自1947年12月，世界上第一个晶体管诞生，晶体管便拉开了人类社会步入电子时代的序幕。1958年德州仪器公司的科学家研制出世界上第一块集成电路，这个被定义为通过一系列特定的加工工艺，将多个有源器件和无源器件。按照一定的电路集成在一块半导体单晶片或陶瓷基片上，作为一个不可分割的整体执行某一特定功能的电路组件。相对于传统电路而言，集成电路体积更小、重量更轻、成本更低、性能更高。在信息化的社会中，集成电路已成为各行各业实现信息化、智能化的基础。无论是在军事还是民用上，它已起着不可替代的作用。在集成电路的发展中，随着时代发展有越来越多的学科加入进来，也推动着交叉学科的集成创新产业的出现。晶体管的发明催生了晶体管产业以及半导体分离器产业；晶体管和IC的结合产生了集成电路产业等等。技术总系统引发技术子系统的创新，先后形成了半导体显示、照明、电力电子、太阳能电池、新一代信息技术、人工智能、大数据、智能装备制造、新材料等系列产业簇群[①]。

随着大数据处理技术、人工智能技术、5G通信技术等高速发展与普及应用，对集成电路的需求与要求不断提高。近几年，对于硅基芯片发展，摩尔定律面临的物理瓶颈日趋严重，研究人员开始逐步探索其他新的材料，例如碳纳米晶体管的研发。与硅基晶体管相比，碳基晶体管具有成本低、功耗小、效率高的显著优势。理论上来说，碳晶体管的极限运行速度

---

① 邹坦永. 集成电路技术与产业的发展演变及启示. 中国集成电路，2020, 29（12）：33-41, 43.

是硅晶体管的 5～10 倍，而功耗方面，却只是后者的十分之一。碳基纳米材料的兴起则为集成电路创新与可持续发展提供了材料与技术支持，为芯片事业发展提供更多可能。所谓碳纳米管，是一种 1991 年被发现的新型材料，由呈六边形排列的碳原子构成的单层或者多层圆管。在制备高性能晶体管方面，它具有超高的电子和空穴迁移率、原子尺度的厚度，以及稳定的结构等优势。由于其本身特性的优越性，碳基纳米材料的出现成为未来集成电路发展的最佳选择[①]。

在集成电路的发展途径中可以看到，有许多科学技术蕴含在其中，并在集成电路演进过程中，学科之间进行交叉渗透，产生了新的技术科学增长点。集成电路中芯片的更新迭代体现了材料学和电子学的双重进步，传统的硅基材料无法满足新时代的需要，因此在传统的碳纤维材料中发现了碳基纳米材料并进行应用。集成电路这个由系统集成得来的技术，走过了一个渐进的、不断集成的发展过程。

在现代，系统集成可能比单项性的技术突破更为重要，集成创新往往比许多单项创新更好地满足社会需求。高技术自身就有多样化和系统化的特点，这必然会带来高技术产品的高度系统集成性。因此，在一些高技术领域，要重视集成创新的重要性，充分利用全球创新资源，在突破原始创新的同时注重集成创新。

碳纤维曾经有一段时间是我国搞材料的人心中的痛，这个东西大家都知道很好、很重要，但就是做不出来，做出来不如人家，后来发现是为什么？

因为碳纤维的制备是一个跨学科的事情，必须得具备跨学科的知识的人才能搞出来。整个过程分成三段。第一段叫纺丝，就是通过一个枪把高分子变成一束液体状给喷射出来，喷出来变成一根丝，这个需要懂高分子化学、高分子物理的知识，不懂就做不出这个枪，做不出喷射工艺。第二段就是做出的丝，要不断地给它越拉越细，拉的过程中不能让它里面有缺陷，一步一步怎么拉，这个就需要懂纺织，同时还要懂一些

---

① 常超. 碳基纳米电子器件和集成电路分析. 中国新通信, 2022, 24（14）: 53-55.

> 机械，因为需要一系列拉丝的设备。这样拉出来的丝有多细，决定了碳纤维的标号。第三段就是碳化过程中，给它变成现在碳纤维这样的结构，所以还得熟悉高温的知识。所以搞碳纤维的人，想设计碳纤维整个生产线，这三个学科你都得懂。别人搞一个东西，雇三个人分别管这三段是可以的，但是我们自己搞，总师必须得懂这三个。
>
> ——中国科学院院士　杨卫

问题：（8）从学科交叉到交叉学科——如何理解从问题聚类、成果评价到学科培育的完整孕育过程？

随着科学技术和产业革命融合的不断加速，单一学科的知识、方法等已不足以破解重大科学问题、工程技术难题和产业技术瓶颈。学科交叉是"学科际"或"跨学科"研究活动，是学术思想交融、系统辩证思维和研究范式变革的体现，已经成为技术科学发展的重要时代特征。学科交叉点往往就是新学科的生长点，有可能产生重大的科学突破，因而有利于解决人类面临的重大复杂科学问题、社会问题和全球性问题，并不断催生新学科前沿、新科技领域和新产业形态。国家重大工程系统的设计、论证、实施、评价等均涉及多学科领域，仅靠任何单一门学科或一大门类科学都不能有效地解决。技术科学的发展促进了技术交叉和集成，进而使技术高度综合化和集成化，形成了现代宏大的技术体系和学科体系。

> 学科交叉要做乘法而不是简单的（加法）聚类。比如数理学部的问题和技术科学的问题，简单聚类的问题到最后还是由各个学科去解决。再如免疫系统是复杂系统，单用生命科学不够，单用医学科学也不够，用数据科学的办法也不够，这都不是简单聚类的问题，应该是问题的耦合，从学科交叉到交叉科学不是简单做加法，而是要做乘法。关于成果评价，一定得有做交叉科学研究经验的评委，可能他不一定是大咖或者大评委。可能有的科学家学术地位很高，但是未必能评价交叉科学研究成果，这一点要能解放思想，要有新的评价机制。
>
> 我建议适时重新制定"技术科学发展战略"，确定技术科学发展的重

> 点学科、前沿领域和实施办法。重点是学科，前沿领域是大的领域，前沿领域很可能是交叉科学领域，而不是某个学科。
>
> ——中国科学院院士　陆建华

技术科学融合了许多不同的科学原理和作为工程技术基础的相关科学，它将工程、生物、化学、数学和物理学与艺术、人文、社会科学等知识进行集成，以应对最严峻的挑战并促进全球社会的福祉。其集成创新功能不仅体现在自然科学（如数理化天地生）内部的知识集成，还体现在"科学—技术—工程"的纵向知识集成，而且随着工程的价值性和目的性日益被重视，社会科学的知识集成也日益加强。尤为强调技术体系和工程控制系统，强调整体设计和优化研究，强调自然科学与人文社会科学的集成。

3.2.3　技术科学的二次创新功能

二次创新是技术后发国家追赶技术先发国家的一条捷径，其能够为技术后发国家带来明显的后发优势[①]，尤其是面对集多种高新技术于一身的复杂巨系统。只有从技术科学层面上全面剖析引进技术，才能揭示和把握引进技术及产品设备的结构与功能、设计与工艺、材料与加工的原理与方法等等，最终在工程学层次上实现引进技术的二次创新，走上自主创新的道路，而不陷入"引进—落后—再引进—再落后"的怪圈。

案例：（12）高速列车的发展

通过引进消化（动车组）、二次创新（复兴号高铁）、再创新（450NR），中国高铁实现了从无到有的发展[②]，在诸多核心技术领域完成了突破和赶超。2004年的大规模技术引进打开了中国高铁技术的创新之门。当时，中国先后承接了加拿大庞巴迪、日本川崎重工、德国西门子以及法国阿尔斯通等公司的成熟技术，分别引进了四种原型动车组，并相应打造了CRH1、CRH2、CRH3和CRH5共四个"和谐号"动车组平台。在引进国外的技术时，中国提出了四个必须：必须与国内指定企业联合投标，必

---

① 陈劲, 俞湘珍, 王姝. 有中国特色的自主创新之路与政策. 管理工程学报, 2010, 24（S1）: 12-20.
② 卢春房. 中国高速铁路的技术特点. 科技导报, 2015, 33（18）: 13-19.

须包含指定核心技术如动力分散等，必须与国内企业联合设计制造，必须采用国内指定的品牌名称"和谐号"，而且引进资金中可包括科研项目经费，由主机厂用于整车技术平台的消化吸收再创新。正因为如此，中国在短的时间内完成了对引进技术的消化和吸收，逐渐形成了拥有自主创新能力的技术平台和技术体系[1]。以交流电力牵引为例，株洲所自 20 世纪 70 年代就开始进行交流传动的理论研究和实验，在 1989 年完成当时国内最大功率（30kW）交流传动系统试验研究。但是，中国交流传动技术的早期研究受到了国外企业（德国西门子）的压制，并没有实现"十年转换工程"。2004 年年底，原铁道部引进国外的交流传动机车，指定株洲所负责消化、吸收 2 型车的牵引和网络控制系统。由于之前所积累的技术能力，株洲所成功地对这些系统实现了消化吸收，并开发出了 D1C 交流传动系统。目前，株洲所已经成为世界交流传动领域中少数几个拥有自主技术的企业[2]。引进国外先进技术不可能解决中国高铁面临的所有问题，中国的高铁系统也不可能把国外的高铁系统全部复制与完全照搬，中国必须立足于自身的技术储备和技术创新[3]。以日本列车技术引进过程中转向架技术要素变化为例，可理解中国的引进消化和二次创新的过程。在技术引进前，中国转向架技术还停留在 160km/h 速度等级，随着日本 E2-1000 型高速列车引入，中国开始了技术学习并进行本土化改造，以满足国内轨道线路需求，生产出 CRH2 型列车，使得转向架技术迅速达到 250km/h 等级。再以 CRH2 型车技术平台开展参数测定，获得列车实际性能指标，理解国外列车核心技术，以此设计出速度等级更高的 350km/h 的试验列车 CRH-300 型，并在京津城际铁路中展开科学验证，经历了一个完整的引进、消化，并在此基础上开展创新的过程[4]。通过这种模式，中国成功地破解了限制提速的流固耦合、弓网耦合和轮轨耦合中的三大主要矛盾，研制出了运营速度 350km/h、

---

[1] 高德步，王庆. 产业创新系统视角下的中国高铁技术创新研究. 科技管理研究，2020，40（12）：1-9.
[2] 路风. 冲破迷雾——揭开中国高铁技术进步之源. 管理世界，2019，35（09）：164-194，200.
[3] 赵建军，郝栋，吴保来，卢艳玲. 中国高速铁路的创新机制及启示. 工程研究——跨学科视野中的工程，2012，4（01）：57-69.
[4] 张卫华. 高速转向架技术的创新研究. 中国工程科学，2009，11（10）：8-18.

拥有完全自主知识产权的"复兴号"动车组,并在轮轨动力学、气动力学控制、车体结构等制约速度提升的关键技术上实现了重大突破①。

高速列车从引进消化、二次创新到再创新的这一发展历程,也是技术科学从需求中来,到重大工程中去的相互迭代、相互促进的历程。技术科学对自主创新具有重要支撑作用,同时,自主创新需求也推动了技术科学的发展。在建设高速铁路网的时候,技术科学经过国外的多次试错、多次迭代,已经形成了一定的技术积累和知识储备,这些基础能够支撑国内高水平的高速铁路建设。在高速列车成为一个工程之后,早期的一些技术非常不成熟。以牵引传动系统为例,当时国内的牵引传动技术是直流传动,它的故障率比较高、维护费用比较高、可靠性比较差。从高速列车来讲,有两种主要的技术类型,一类是动力分散,像我们现在的动车组;还有一类是动力集中,即一个火车头拉着车厢的形式。动力分散型高速列车的好处是它和轮轨之间的冲击力比较小,从而舒适性高、基础设施投资较少,但是由于它都是直流传动的,所以这些电机老出故障,导致大家对动力分散型的技术路线有诟病。由于这个问题,催生或者促进了交流传动技术在高速列车中的大量使用。而同时由于交流传动技术的普遍应用,使得我们的故障率大幅下降,高速铁路高速列车技术本身的优势就凸显出来了,进而促进了高速列车、高速铁路整个大的工程系统的推广和工程化。

此外,高速列车轮轨之间的耦合、流固之间的耦合和弓网之间的耦合限制了其速度提升,也是制约高速列车技术进步的一大瓶颈。首先,轮轨耦合不仅会导致牵引传动和制动问题,还会造成黏着问题。这意味着随着速度的提高,一方面需要黏着力增加,另一方面轮轨之间的黏着系数或者黏着的本身能够提供的黏着力的可能性要减少。它们之间的矛盾到一定程度以后就会阻碍进一步的速度提升;其次,列车在高速行驶状态下,特别是时速300km以上的时候,空气动力学的阻力是其行驶阻

---

① 程鹏,柳卸林,陈傲,何郁冰. 基础研究与中国产业技术追赶——以高铁产业为案例. 管理评论,2011,23(12):46-55.

> 力的主要部分。那么如何降低空气动力学阻力，如何降低气动噪声？如何增加列车在运行中的气动稳定性？这些是流固耦合问题中需要解决的主要矛盾；最后，高速列车在行进过程中，车上的动力主要是通过接触网和受电弓之间的耦合来传递。然而，随着速度的增加会导致功率增加，但受流能力下降，这反过来又会阻碍功率提升、速度提高。这三对矛盾之间都存在着一个相互干涉的问题，从技术科学的角度出发，这些矛盾又有一些共性的、基础性的科学问题和它们匹配在一起。比如轮轨耦合推动了轮轨动力学的发展，也推动了电气传动技术的发展，包括电动电子技术、电机技术的和电磁学。流固耦合推动了相关的研究和发展。弓网耦合的需求又推动了与受电弓行为相关的随机动力学和接触网相关的金属材料的研究与发展。可见，技术科学对自主创新起了非常重要的支撑作用，同时，自主创新需求也推动了技术科学本身的发展。
>
> ——浙江大学教授　方攸同

我国幅员辽阔、人口众多且流动性大，城市化进程导致的城市人口增长对城市间交通需求提出了更高的客观要求[①]。鉴于此，2021年5月30日，我国启动时速400km等级的CR450系列动车组研制。速度的进一步突破需要研究人员基于既有高铁线路运用边界，建立"车辆—线路—环境"大系统耦合模型，深入研究轮轨、弓网、流固及其相互的耦合影响关系；持续开展气动减阻、整车轻量化、制动能力提升等方面技术研究，突破速度和能效提升技术瓶颈，从而实现运营速度达到时速400km的目标。此外，还需要深入开展整车轻量化和制动系统能力提升，以及主被动防护、灾难预警、卫生防疫和智能化安全状态管理等技术研究，目前，成功实现时速400km，紧急制动距离6500m的成绩，不仅速度更快，还更加安全、智能[②]。这一过程充分彰显了技术科学服务现实需求、解决重大工程问题的作用。此外，我国正在时速600km高速磁浮领域开展深入研究，以完善现

---

① 郭源园，吴磊，曾鹏."站-城"融合视角下的大城市中心城区高铁设站分析.南方经济，2022，(11)：1-15.

② 王锋.打造性能更优新一代CR450高速动车组助推中国高铁事业"十四五"更大发展.城市轨道交通研究，2022，25（02）：10，144-145.

代综合交通运输体系。随着运行速度超过 600km/h，轮轨技术无法应用，中国选择了转化本土原创的高速磁悬浮技术—高温超导磁悬浮技术。高温超导磁悬浮列车技术拥有无源自悬浮自稳定自导向、结构简单、节能、无化学和噪声污染、安全舒适、运行成本低等优点。在研制磁悬浮列车的过程中，面临着牵引、控制、供电等工程建设问题，而这些工程问题的背后实际是技术科学问题，体现了技术科学的需求导向和专属特性。

> 在磁悬浮交通领域，国内的技术发展迅速。虽然日本最早开始研究磁悬浮技术，但是其专注于低温超导的磁悬浮技术，日本的低温超导磁悬浮技术大概实现了时速 600km 的目标。我们国家放弃低温超导这条技术路线转向高温超导，从而赶超日本。国内的高温超导磁悬浮将来可能引领下一代高速磁悬浮交通进程的发展，未来将瞄准 600km 时速以上的高速磁悬浮交通技术展开研究。所以从这一点来看，我们国家未来一代高温超导磁悬浮的发展应该在世界上占有重要地位。
>
> 谈到技术科学的基本特征，我认为现在科学主要分为几种。一种是纯粹的科学，像研究粒子物理、天体物理，这是一类。第二类是应用科学，即研究工程中间应用物理原理，应用过程中又会面临工程的问题，比如做磁悬浮列车，要做控制，要做动力牵引，要做供电系统，在高速运动中会产生空气阻力、振动，需要稳定控制，在这过程中又会产生许多科学问题需要研究。所以从这个意义上来说，技术科学实际上就是研究工程中的科学问题，这是我所理解的技术科学的内涵。我认为技术科学最大的特征是，第一它的专属性特别强，第二有明确的应用需求。比如做航空航天的，就要研究火箭发射，其中涉及哪些力学问题、哪些动力学问题。实际上就是利用自然科学中的基本规律和数学方法，来解决工程上的技术问题，再总结出一些基本规律，再利用这些规律指导工程实践，使技术更适合某些应用场合、更符合需求。
>
> ——中国科学院院士　王秋良

伴随"一带一路"倡议的推进，中国中车集团设备及产品已出口到全球二十多个国家和地区，涵盖全产业链的一批境外项目均取得了重大进展①。2022年8月5日，我国出口印尼雅万高铁高速动车组在中车集团青岛四方机车车辆股份有限公司成功下线，这是中国高铁全系统、全要素、全生产链走出国门的"第一单"②，充分有力地展示了我国高铁强大的制备能力。在高铁引进消化吸收再创新的过程中，技术科学不仅成功地实现了服务于工程建设的现实需求，同时也促进了基础科学领域的进步，尤其是在轮轨耦合、流固耦合和弓网耦合三个方面，充分体现了其承上启下的枢纽作用。

案例：（13）我国三代核反应堆的建造

技术科学的二次创新在我国核反应堆的发展上得到了很好的体现。我国经济在粗放型模式下快速发展，能源利用率不高，能源供需矛盾突出③。核能发电在安全性、经济性、环保性和稳定性方面均有其固有的特点且符合世界能源利用的趋势，从而使其在能源结构中占有重要地位。我国核反应堆的发展经历了从引进消化到自主研发二次创新的过程，1958年我国第一座实验性原子反应堆由苏联科技人员帮助我国设计制造，到"九五"期间我国首次"自主设计、自主建造、自主运营、自主管理"的秦山核电站二期1号，再到如今自主三代核电技术"华龙一号"标志着我国核电技术水平和综合实力跻身于世界第一方阵。在前沿攻关上，世界上主要的核能国家均在竞相开展第四代核能技术和先进小型模块化反应堆的研究开发，并把它们作为占领未来先进核能技术发展制高点的重要竞争抓手④，我国也率先开启了高温气冷堆和小型模块化反应堆两项未来核心技术的研发实验，充分地展示了我国核电强大的自主创新能力。我国核电事业成功地走出了从引进消化到二次创新和引领世界的特色路径，技术科学的二次创新功能在其中扮演了重要角色。

军事科技尤其是尖端武器是各国最为保密的"镇国利器"，想求得他国

---

① 彤新春. 从跟随到赶超——中国铁路技术进步的策略分析（1949—2019）. 社会科学家，2020，（07）：86-92.
② 孙永才. 自主创新造就中国高铁"国家名片". 城市轨道交通研究，2022，25（09）：258-259.
③ 林宗虎. 核电站的发展历程及应用前景. 自然杂志，2012，34（02）：63-68.
④ 刘玮，蔡萌. 我国三代核电技术新在哪里？带你领略"华龙一号"十大创新成果. 北京日报，2021-02-10.

帮助极为不易。尽管由于国际政治关系的变化,有时也会出现机会,但又往往稍纵即逝,常规武器尚且可以援助,尤其事关国防安全的核武器是最难松口的地方[1],仿制和依靠援助永远不会走在世界前列。我国在核电发展方面很注重技术和装备的自主性,这对核安全以及防止被技术"卡脖子"都非常重要。经过三十余年的发展,我国的核电技术经历了引进消化到二次创新,目前已经进入世界先进行列,而且某些方面已经世界领先。一是核反应堆的自主创新是从基础科学到技术科学到工程应用的发展过程。以核物理为代表的基础科学发现了核能,核能也称原子能,是原子核结构发生变化时释放出来的巨大能量,目前核能发电利用的则是裂变能。我国对巨大的能量有了应用的需求,进而攻坚突破了核电技术,于1985年开工第一座自主设计的核电站——秦山核电站的工程建设,1991年秦山核电站首次并网,结束了中国大陆无核电的历史。核反应堆的自主创新走的是从自然科学到技术科学到工程应用的道路,这既符合核物理发展的客观规律,也体现了我国稳固和突破核电核心技术的决心。二是核反应堆的二次创新离不开基础科学和工程技术的耦合。核电站的建造是一个极其复杂的超级工程,涵盖上千个系统,仅设计图纸就超十万张,每更改一个数据,就意味着需要重新进行一轮分析计算。在反应堆工程的设计研发过程中,又涉及结构、力学、物理、热工等多专业的统一评估[2]。在核反应堆工程实验过程中,系统中各元素之间的相关性强,涉及热工水力、动力设备、电气、仪控、机械等多个专业的耦合,且存在高温、高压等恶劣工况条件,要求充分考虑实验运行的可靠性和安全性[3]。二十年前我国自主设计、自主建造、自主管理和自主运营的第一座国产化大型商用核电站——秦山二期1号投入商用,成为我国核电打好基础、掌握核心技术、全面研发创新三个阶段中承上启下的重要一环,为自主设计、建造百万千瓦级核电机组打下坚实基础。到二十年后的今天,我国自主三代核电"华龙一号"示范工程

---

[1] 徐焰. 争取苏联核援的中国机遇. 中国新闻周刊, 2012-05-28.
[2] 廖玮, 于洋, 刘东. 开发数字化反应堆 提升反应堆设计与研发能力. 中国核工业, 2016(02): 44-47, 64.
[3] 张麈, 孙云厚, 吴文谊, 姜建中, 闫新龙, 刘超. 小型铅基核反应堆发电技术在国防工程中的应用初探. 防护工程, 2022, 44(05): 42-47.

第 2 台机组——中核集团福清核电 6 号机组正式具备商运条件,"华龙一号"的创新性采用"能动与非能动相结合"设计理念,以非能动安全系统作为高效、成熟、可靠的能动安全系统的补充,层层布置,纵深防御,抗震能力大幅提升。二次创新的成功离不开工程和科学的融合。三是核反应堆的发展有助于技术科学的进一步推进。核技术是大国的基础工业技术,支持着我国的基础科研。基础研究是核技术发展的重要推动力之一,也是核技术应用的重要领域之一。要发展拥有自主知识产权的核技术,离不开前期的基础研究。核分析技术、同步辐射、放射性核素测年和放射性核素示踪等核技术在物理、化学、材料、信息、生物、医学、地学、环境、考古等多种学科的基础研究中也有广泛应用[1]。核反应堆所提供的高效能的电力也为工程提供了强有力的保障,电力保障是国防工程保障的核心要素,电力链路担负着工程指挥控制、信息通信、智能化设备等系统的供电任务,是工程保障链路的关键节点[2]。核工业的发展将使我国开展重大工程项目不再因为电力问题受到他国掣肘,在我国能源发展中具有重要地位。核反应堆的二次创新离不开技术科学的推动,又反哺技术科学的发展。

如今,我国已跻身世界核电大国的行列,成功实现了由"二代"向"三代"核电技术的跨越,形成了完整的研发设计、设备材料制造、工程建设、运营维护、燃料保障等全产业链体系[3],核反应堆的研制建造与技术科学也正形成良好的双向互动。

案例:(14)航空发动机研制

航空发动机作为"飞机的心脏",是飞机的主要动力系统,又称为"飞机心脏",被誉为航空制造工业"王冠上的明珠"[4],是飞机所有系统中研

---

[1] 郭之虞. 核技术发展与基础研究. 全国"核技术及应用"发展战略研讨会论文集,2003:14-19.
[2] 黄帅,程华,杨朝山,任俊儒,戴睿熙. 军事基地电源装备战时适用性评估. 防护工程,2021,43(04):60-65.
[3] 刘玮,蔡萌. 我国三代核电技术新在哪里?带你领略"华龙一号"十大创新成果. 北京日报,2021-02-10.
[4] 聂祥樊,李应红,何卫锋,罗思海,周留成. 航空发动机部件激光冲击强化研究进展与展望. 机械工程学报,2021,57(16):293-305.

发难度最大，研制周期最长，涉及科学最多的工程机械系统，同时航空发动机技术的先进程度是检验一个国家空军实力的重要标志[①]，影响着战斗机的各项性能比，如速度、航程、载弹量和载油量等。

现有前几代航空发动机的基本原理，所用的一些基本材料、工艺、设计技术或者实验技术，在一定意义上说是在走人家已经走过的路，就是所谓的后发优势。从基础的角度来说，我们要填过去的坑，我们还有很多东西是没有认识到的，它是实验科学，是从研制中提出来的问题，要通过大量的实验数据积累来获取一些规律性的知识。

我们要修长远的路，现在我们第三代可以服役，但是第四代还在研制的过程中，对于第五代国外已经做出样机，我们也在启动这件事。但是第六代是什么样子？大家并没有很明确地提出来，再往后走它又是技术科学的另外一个方面。所以说从基础到应用，先要有科学的引领，再说应用方面的问题。一直说我们要修长远路，眼前还有并未搞清楚的坑。经常讲的是：关键技术还没有突破，是因为背后一定有关键基础问题没研究清楚，而且这个基础问题里有很多是属于科学的问题。修路往哪修？会碰到什么情况？很多事情还是未知的。所以一般先有基础科学，从基础角度、自然科学或者其他科学里找到方法或者路径和一些科学的理论，然后再应用。比如说第六代以后都是新兴的，它从基础到应用，可能我们现在讲量子科学这些事都离航空发动机挺远的，但其实不是，这些技术可能会构成我们未来航空发动机发展的基础性技术。

我们缺的恰恰是科学。我们只强调技术，关键技术的前提从哪来？科学提供的是什么？模型、方法、机理，包括大量实验给出来的规律，这是科学的范畴。有了科学以后才能够给出最后的数据支持，告诉软件该怎么去算，软件是要通过实验来验证的，而不是说随便编出一个软件。很多边界条件是要通过实验才能给出来。我们真正要自主创新的时候，一定是从科学开始，而不是从使用开始。使用是目的、是结果，但

---

① 丁文锋，奚欣欣，占京华，徐九华，傅玉灿，苏宏华. 航空发动机钛材料磨削技术研究现状及展望. 航空学报，2019，40（06）：6-41.

> 是这个过程要从结果中反馈过来。
>
> ——中国科学院院士 李应红

刘大响院士也曾将我国航空发动机自主研发的规律归纳为，设计是主导，材料是基础，制造是保障，试验是关键，人才最重要。一是以设计为主导因素，整个发动机方案的设计是后续的加工、试验的前提，传统的航空发动机研制通常依靠实物试验暴露设计问题，采用"设计—试验验证—修改设计—再试验"反复迭代的串行研制模式，存在研制周期长、耗资大、风险高的问题[①]。仿真技术是未来先进航空发动机自主创新研发的必要手段，采用先进仿真工具，可降低研发成本的同时缩短研制周期。二是航空发动机对材料和制造技术的依存度最为突出。航空发动机高转速、高温的苛刻使用条件和长寿命、高可靠性的工作要求，把对材料和制造技术的要求逼到了极限。材料和工艺技术的发展促进了发动机更新换代，如第一、二代发动机的主要结构件均为金属材料，第三代发动机开始应用复合材料及先进的工艺技术，第四代发动机广泛应用复合材料及先进的工艺技术，复合材料风扇叶片制造技术现已朝着材料形式混杂化、制造工艺自动化与自适应化、工装材料多样化的趋势发展[②]，充分体现了一代新材料、一代新型发动机的特点[③]。在未来，轻质、高强韧、耐高温的战略性、革命性先进材料及工艺是先进航空发动机的标志性选择[④]，也是我国自主创新要突破的方向。三是航空发动机的各部件，以及整体性能的设计、研制、调试，以及性能的优化，都需要经过大量试验测试，试验是确保研发成果的关键所在。随着微电子技术和传感器技术的迅速发展，现已摆脱了早期的手工机械式的测试，主要体现在测试元器件信号采集能力的提升、实时数据采集系统功能稳定、新型测试技术应用、计算机辅助测试（CAT）技术

---

① 曹建国. 航空发动机仿真技术研究现状、挑战和展望. 推进技术，2018，39（05）：961-970.

② 周何，李小兵，张婷，李小强，李东升，冯锦璋. 航空发动机复合材料风扇叶片制造工艺应用进展. 航空制造技术，2022，65（13）：84-91.

③ 刘大响. 一代新材料，一代新型发动机：航空发动机的发展趋势及其对材料的需求. 材料工程，2017，45（10）：1-5.

④ 刘巧沐，李园春. 航空发动机材料及工艺发展浅析. 航空动力，2021，（06）：9-12.

的应用四个方面①。四是人才是我国科技自立自强的根基所在。航空发动机涉及空气动力、工程热物理、传热、传质、材料、机械、强度、传动、密封、电子、自动控制等众多基础学科和工程学技术领域，其内部气动力、热力和结构材料特性极为复杂，是现代尖端技术的集大成者②。航空发动机的自主研发不仅需要应用端与基础研究端的人才，能够连接基础研究和应用研究的技术科学人才的培养也十分重要。航空发动机的现实需求与西方国家的技术封锁，更加坚定了我国航空发动机国产"飞机心脏"从逆向仿制到自主研发、二次创新的决心。由现实发展需求转化为我国航发的基础科学研究的动力，再由科学引领，以科学牵引技术，再由技术走向工程。

3.2.4 技术科学的潜在创新功能

技术科学的创新功能不仅表现在上述显性的现实功能上，而且还体现为某些难以直接显示的潜在创新功能，一方面通过技术科学理论的技术预见，展望前沿技术的发展态势与潜在创新的可能前景；另一方面体现为以技术科学反哺基础科学而存在的战略技术储备功能。

问题：（9）什么样的发明专利可望得到转化？

世界知识产权组织（WIPO）11月21日发布《世界知识产权指标》报告显示，我国2021年提交的专利申请量达159万件，约占全球申请总量的一半，连续11年位居世界首位。此外，我国在2021年拥有的有效专利数量也达到360万件，首度超越美国成为世界第一。然而，规模庞大的专利申请背后，其实际转化率仍低于10%，离美国尚有较大差距，大量专利处于"闲置"状态。专利质量是彰显创新驱动发展质量效益的核心指标之一，是保障知识产权事业持续健康发展的生命线。

> 我们判断一个专利是否具有高价值、易转化，主要考虑三方面因素：
> 一是技术因素，即创新水平要高。这类专利主要是基础性、原创

---

① 刘兴松, 王坤东, 巩哲. 航空发动机及测试技术研究进展. 自动化与仪器仪表, 2022, (01): 1-6.
② 刘大响. 奋力谱写新时代航空动力发展新篇章. 科技导报, 2019, 37 (05): 1.

性、突破性的技术发明，可替代性低、成熟度高、竞争力强。例如，医药领域是高科技产业，国际上对药物研发有"三个10"的规律性认识，即耗时10年以上、成本10亿美金、每年10亿美元销售额。因此，医药领域对知识产权高度依赖，专利技术的投入大，技术价值高，转化效果普遍较好。例如，英国早在17世纪就诞生了最早的专利药，德国拜耳公司研制的"阿司匹林"（乙酰水杨酸）生产技术和工艺，于1899年获得德国专利，是早期具有里程碑意义的药物专利。在我国，2016年复旦大学的肿瘤免疫治疗的IDO抑制剂专利，许可费达6500万美元。

二是市场因素，即契合市场需求。市场对技术的需求具有时效性、适恰性，并不能从传统技术角度来评判。有些专利可能创新的水平并不太高，但实用性很强，社会有需求，因此很容易转化。国家知识产权局发布的《中国专利调查报告》显示，2021年我国企业发明专利产业化率为46.8%，而高校发明专利产业化率仅为3%，这与企业跟市场联系密切，对市场需求反应灵敏，研发活动有针对性有关。

三是法律因素，即专利稳定性较好。专利具有很强的法律属性，高质量撰写和授权的专利，保护范围适当，权利也更为稳定，实施风险更小，能够给企业稳定的市场预期，也有利于专利成果顺利转化。

——中国科学院院士　申长雨

通过专利对技术创新起到的支撑、保障和引导作用，能够将技术科学巨大创新潜能释放出来，进而转化为现实生产力。首先，专利激发潜在创新活力。专利制度从法律层面确定创新成果的财产归属关系，保障专利成果转化收益，使创新投入得以顺利回收，从而激励创新主体将收益回馈到下一轮的潜在技术创新中，有序扩大潜在创新再投入的规模和力度，调动创新人才创新的积极性，可谓是"给天才之火浇上利益之油"。其次，专利引领潜在创新决策。专利信息的检索分析既可以引导创新主体及时跟踪、了解领域内前沿技术发展动向；同时，引导科研人员制定较高层次的潜在创新发展策略，避免科研立项的盲目性，促进技术创新资源的合理配置和运用，有的放矢地部署创新力量，实现科学立项和有序创新。最后，专利拓展潜在创新思维。已有专利的核心设计思想和创新理念能够引导技术研发人员理解领悟相关专利的潜在创新走势及导向，从而最大限度地拓展思考视野，丰富创新手段和途径，最终取得技术创新的实质性突破，促进企业等创新主体创出具有新颖性、创造性和实用性的更多高水平、有价值的创新成果。

由于技术科学的中介性特征，自然科学的发展和工程技术的进步，都离不开技术科学的内涵不断深化，外延不断扩展，出现新兴、前沿和交叉的技术学科领域。诚如工程技术实践的工程师们必须关注整个系统及其最细微的细节，这就需要不同领域的知识和专业知识，也就有了不同工程的分类，如机械工程、化学工程、电子与电气工程、土木建筑工程、计算机科学与工程、航空与航天工程、生物工程、环境工程、核工程等分支领域。技术科学从研究对象而言，大致可以分为物质性的和系统性的两大类，它们分别针对工程和技术体系中的结构与功能。前者如力学、电磁学、热力学、流体动力学等这些与工程技术相关的物理定律，后者如控制理论、信息理论、计算力论、估计和信号处理理论等是工程各分支领域的固有理论。

案例：（15）从射电天文望远镜到射电天文学

作为天文学的典型分支学科，射电天文学的起步和发展得益于雷达科技人员将雷达技术应用于天文观测，自此揭开射电天文学发展的序幕；体现出技术科学研究能力的提升触发基础科学的分支学科发展。

> 先有射电天文望远镜，这是技术，有了射电技术以后发现这个东西可以扩展对太空的认知，可以变成射电天文学，射电天文学是后形成的。
> ——中国科学院院士　杨卫

> 二战时，英国人或澳大利亚人的雷达用作军事用途，二战结束后，他们偶然对着天看，结果收到了信号。原本以为这些东西毫无意义，但是最终仔细一看，这是对应的天体射电辐射信号，由此就自然转到射电天文学的研究。从这个角度讲，确实是技术本身推动基础研究，因为通

> 常用望远镜看天体都是在光学波段。实际上，很多事情是有多种情况、多条路径，所以也不代表完全是这样。现在科学，无论是实验室里的研究，还是做天文学研究的，首先是通过实验的手段、技术、能力看到要研究的东西。近些年物质科学的巨大进展，其实都源于技术手段，就是实验能力提升所造成的进步，而科学本身的进展还是有限。我觉得这是一种路径，但并不是说其中的规律就是这样，也有反过来的现象，从科学内容推动再去找技术手段。
>
> ——国家自然科学基金委员会 数理学部常务副主任 董国轩

当前天文学的研究面临一系列重大的科学问题，包括暗物质、天体起源以及宇宙生命起源等，揭示这些问题将导致人们对宇宙和物质世界的认识产生重大飞跃，而要回答这些问题，射电天文的技术观测能力创新更显得十分关键[1]。基于射电天文望远镜不断更新迭代，通过搭建应用场景引导学科演化分支。一方面，为探测更多、更弱的天体，得到天体射电辐射可能带来的关于天体更精细的结构、频谱、时变等信息，人们要求射电望远镜具有更高的角分辨率及灵敏度、更快更完美的成像能力和灵活多样的后端配置[2]；另一方面，射电天文望远镜之所以能够成为战略前沿技术，其技术本身就经历了从小口径到大口径、从米波段到毫米波段、从单天线到多天线、从地面到太空的发展过程，具有近百年的技术研发与沉淀。建设与发展射电天文的基础设施需要前瞻的技术引领和铺垫，包括宽带数字频谱和数字滤波、宽带数字传输技术及 e-VLBI 高性能软件相关处理等射电数字技术等。更新射电天文技术能够极大拓宽射电天文学研究视野，挑战对目前学科的认知极限，深刻影响分支学科知识图谱的拓展。

案例：（16）集成电路发展的路线图

众多发达国家发展经验证实：路线图这类"技术预见"及"类预见"活动是一种有效的政策和战略管理工具，具有不可忽视的科学支撑和资源

---

[1] 杨戟. 中国射电天文的研究与发展. 中国科学院院刊, 2011, 26 (05): 511-515.
[2] 吴盛殷, 南仁东. 射电望远镜的发展和前景. 天文学进展, 1998, (03): 169-176.

优化配置作用①。在集成电路领域，集成电路产业作为数字经济的基础产业，具有战略性和先导性的功能。制定集成电路路线图，能够对集成电路技术发展前沿进行宏观分析与判断，进一步明确未来集成电路产业技术发展的目标、方向、关键问题等②，对支撑我国国民经济发展以及构筑我国经济未来竞争新优势具有重要意义。美国半导体行业协会自1992年开始编写《国际半导体技术路线图（ITRS）》，已累计发布9个版本，路线图给出了未来15年集成电路技术的演进方案和设想，为产业组织技术研发方向和选择提供参考价值，促进了国际集成电路产业的发展③。

一直以来，缩小特征尺寸和增大硅片直径是推动全球集成电路制造技术进步的两大要素，但随着传统工艺和常规材料物理极限的逼近以及研发成本的急剧上升，已有的路线图遇到越来越多的挑战。一方面，因资金投入收益甚微和硅基技术瓶颈双重压力，致使集成电路技术的发展举步维艰；另一方面，随着世界发展环境不断发生深刻的变化，集成电路路线图发展方向的不确定性和复杂性日益增加，也使得世界范围内集成电路的发展都面临着关键技术突破问题。"超越摩尔"的技术需求量也越来越大④，现有路线图已经无法充分发挥技术发展的预见功能。于我国而言，由于集成电路产业关键技术领域长期缺乏自主创新，依赖进口较为严重，如何突破路线图原有框架，进而达到新的高度，这是我国集成电路领域面临的重大现实难题。技术科学拥有一定的理论基础，同时面向应用，重大技术难题和基础理论的研究和突破都离不开技术科学的发展。因此，技术科学的进步可为我国集成电路产业的发展指明方向。技术科学研究通过在芯片制造与设计技术上进行集中攻关，借助有组织创新模式，不断提升集成电路加工设备和工艺、封装测试、批量生产及设计创新等能力，促进集成电路原有路线图的延伸和颠覆，进而逐渐打破国外的技术壁垒。技术科学的进

---

① 万劲波. 技术预见：科学技术战略规划和科技政策的制定. 中国软科学，2002，(05)：63-67.
② 腾讯云. 专家：中国集成电路的发展要加强分工，最终形成完善的产业链条. (2019-10-19). https://cloud.tencent.com/developer/news/457853.
③ 张晓沛，余和军，李少帅. 国际器件与系统路线图对我国科技规划的启示. 世界科技研究与发展，2018，40 (04)：422-427.
④ 科学网. 勾画集成电路自主发展技术路线图. (2019-10-24). https://news.sciencenet.cn/sbhtmlnews/2019/10/350521.shtm.

步能够通过不断完善路线图的制定，为集成电路新技术的更新迭代提供重要的推力，进而促进线路图的延伸与颠覆。由此可见，技术科学的进步能够促进相应科学理论的技术预见，展望前沿技术的发展态势和前景，进而充分发挥其潜在创新的功能。

> 以硅基的集成电路为例，它更像是工程性的问题。因为是很大的工程任务，就可以比较清楚地制定出路线图，也知道哪一年发展到什么样的程度。《国际半导体技术路线图》是最成功的例子，从全世界的学校和公司组织了大概2000人，详尽制定哪年、哪月要做到什么程度？从设计到装备再到材料，需要多大努力投入使大家齐头并进。这是非常工程化的事情，但工程化不是谁都能做，得具备能力才能做。所以，美国能做得很好，我们做不好是因为我们不具备这种能力。工程化可以很好地预测，但是现在碰到什么问题？硅基快要达到极限，再往下做收益相对较小，尽管投入很多钱，但往前走一小步都会花很多力气，还不一定走得动。所以《国际半导体技术路线图》2015年就散了，本来是全世界联合起来，后来各搞各的，没有国际上大家公认的路线图，也就没有工程途径了。
>
> 之前几十年硅基技术都按照工程化的方法严格预测发展，现在发展到尽头就需要新的东西去替代，保证能够持续下去，这种东西从哪来？这就需要介于科学和技术之间的技术科学。科学不是做大工程，但大工程又基于已知结论来做，中间就涉及利用新材料实现新结合，突破原有的框架，达到新的高度，我觉得技术科学应该做这个事情。事先不知道答案，去尝试可能会知道答案，中间的东西确实相对有些含糊，还需要国家花大力气来做。总书记说得特别好，技术科学会产生战略储备相关的东西，战略储备并不都是已完成的、工程化的，而是某种可以组织力量进行攻关的可能性，能够按照工程化方式向后推进的技术，但这和商业上的技术不太一样，所以中间还要继续做创新。
>
> ——中国科学院院士 彭练矛

3.3 技术科学塑造战略思维的功能

战略科学家既是科学家,更是战略家,是科技人才中的"帅才",技术科学贯通科学和工程的表征有助于塑造系统思维、战略思维。

3.3.1 造就总师思维

总师是科学家里的"帅才",技术科学在凝练"把得住方向、做得了科研、带得了队伍"的"总师思维"方面具有重要作用。技术科学以应用为导向的特征有助于科学家把握国家战略需求,组织大规模科研攻关。与此同时,其以基础科学为底蕴的特征保障了科学家们能深入专业,探寻关键的幽微之处。

案例:(17)航天系统的科技委与总师思维

航天是非常复杂的系统工程,每项工程由卫星、火箭、发射场、测控通信、应用等数个系统构成,每个系统都有自己的总设计师或总指挥,主要负责技术方案论证和工程研制。航天系统的科学技术委员会(科技委)及其成员,对外肩负着国防科技工业、航天工业等国家核心、重点专业领域专家的使命,对内担任着重大任务、重点工程项目的总设计师(总师)、总指挥的角色,酝酿提出战略性、前沿性、系统性、长期性专题研究建议,并开展专业领域内跨单位、跨项目的重大科技问题研究。无论是从科技委的运行方式还是总师思维,都能观察到技术科学在大系统工程建设中的"桥梁"作用。例如,如果我国要在2030年前后实现载人登月,2040年前后建立有人参与的月球基地,2050年前实现前往小行星或火星的载人飞行,需根据任务牵引时间紧迫性和技术瓶颈与重大难题优先发展的原则,遴选出六项科学技术领域作为当前要优先关注的领域,包括:空间生命科学领域;航天医学领域;动力与能源技术领域;材料、结构及制造技术领域;原位资源利用技术领域;人机联合作业技术领域。这六个领域牵引出相关的生物学、航天医学、动力工程与工程热物理、材料科学与工程等学科应当优先发展①。

> 航天系统科技委是由航天相关领域的专家、学科/专业带头人组成的智囊团，由主任、副主任、委员及若干专业组组成，委员和专业组成员一般为兼职。科技委承担着航天领域技术发展规划、项目立项、技术方案等重大决策事项的技术支持、科研生产技术咨询参谋的职责。科技委的日常工作主要包括：组织开展战略性、前瞻性、基础性技术探索研究，搭建学术交流平台，引导技术创新方向；主持技术发展规划、型号（项目）立项和方案论证评审，为决策层提供咨询建议。几十年来，航天系统科技委在我国航天领域战略研究、规划论证、技术创新、型号研制等方面发挥了重要作用。
>
> 航天系统总师是航天型号的总设计师，是型号技术负责人，负责技术方案论证、方案确定、主持攻克系统性技术难题和工程研制。航天型号主要分为方案论证和工程研制两大阶段，两个阶段特点不同，总师的思维也完全不同。
>
> 方案论证阶段是孵化新项目阶段，也是寻找新的领域技术方向阶段，一般是寻求国家需求与技术发展方向的结合点；航天型号是复杂的系统工程，方案论证是多学科多专业耦合迭代的优化过程，优化目标不能简单地追求某单项技术或者指标的先进性，要根据型号的定位与使命，追求由几十项优化指标表征的综合性能。对于这个阶段成果的评价因素主要是论证出的方案与国家需求的契合性、综合性能的先进性、方案的可行性，以及对配套专业技术发展的牵引带动性，其中方案的可行性是需要充分严谨的理论分析、仿真计算，甚至试验数据回答的，这是转工程研制的必要条件。中国的航天事业起步于20世纪50年代，以钱学森为代表的第一代航天科学家们自力更生研制出我国第一代弹道导弹，之后的几十年，面对日益激烈的攻防博弈形势，进攻武器与防御武器随着技术科学进步均不断发展，总师面对的不仅仅是技术先进性评价，更是要面对能否赢得竞争的拷问！要不断预测未来国家国防安全需

---

① 叶培建. 国家重大科技战略工程造就人才同样需要人才输入. 科学与社会，2018，8（03）：7-10.

求和国外装备发展态势，不断提出改进方案，在攻防对抗发展中，保持装备的战斗力。同时，要提出新思路和新型武器方案，实现核心技术和装备跨代发展，为国家军事斗争准备提供杀手锏武器装备。

领域不同，发展规律也略有不同，我国运载火箭领域是在不同规划制定时期，根据国家进入空间能力和需求，工业制造能力和基础设施的现状和水平，论证火箭的能力需求和技术需求。从20世纪70年代初开始，我国瞄准近地轨道、太阳同步轨道、地球同步转移轨道、月球转移轨道等入轨能力，论证并研制成功"长征二号"系列、"长征三号"系列和"长征四号"系列等运载火箭；进入80年代，国家实施"863计划"，航天领域专家论证并提出未来我国进入空间的能力需求和新一代运载火箭系统方案。之后近二十年来，开展预先研究、关键技术攻关、立项及工程研制，四型新一代运载火箭于2015—2016年相继完成首飞，逐步进入应用发射阶段，使我国航天运输系统跨入世界先进行列。

工程研制阶段又分为方案设计、初样设计、试样设计、定型鉴定四个阶段，这个阶段的总师们更注重设计正确、指标实现和能力生成。研制过程中总师重点关注瓶颈与关键技术，同时要解决系统间的矛盾及随时暴露的没有认识到的技术问题；设计正确性与性能指标达到情况最直接的表征是各项试验的结果，特别是飞行试验结果；航天任务有高成本、高风险的特点，总师都是以如履薄冰、如临深渊的心态面对每一次发射任务，对于新的型号任务更是如此，总师非常重视对新型号研制中和新技术应用的技术风险识别，对识别出的技术风险要逐一组织团队及专家进行演算分析、复核复算、仿真验证、试验验证，确保每个环节分析到位、验证充分。应该说飞行试验成功是这个阶段成果的唯一评价标准。

——中国科学院院士　祝学军

案例：（18）航空系统的总师思维

大飞机研制是高端复杂的系统工程。一方面，总师需要从设计、试验、制造、飞行等各方面进行系统策划，如在大飞机布局方面，总师需要综合考虑机翼、机身、尾翼、发动机、起落架这几大部件的相互关系，还有航程、座级等基本参数，确定飞机尺寸、客座数以及航程，确定发动机的功率，用多少电等，总师需要对飞机的这些具体细节内容进行总体构思[①]。另一方面，由于大飞机研制过程高度集成了流体力学、固体力学、自动化控制等科学技术原理，总师还要解构"国之重器"背后的技术科学问题。如在飞机除冰方面，陈迎春团队深入研究飞机结冰机理、结冰探测方法与装置、防除冰设计理论与方法，构建了完整的满足适航要求的飞机结冰—防除冰理论方法和设计体系，并成功应用于 ARJ21、C919、CR929 飞机研制；在机翼设计方面，陈迎春团队运用先进计算流体力学（CFD）进行计算机设计分析和仿真模拟，测试机翼的设计效果，目前已积累了数十套飞机模型。与此同时，总师也要把握国家重大战略需求，与高校科研院所相关的技术科学家们建立长期稳定友好的合作关系，推进相关基础研究和应用基础研究，从而为大飞机的研制过程奠定科学基础、克服关键核心技术瓶颈。

> 作为中国大飞机发展的亲历者和主要技术领导者，我从 C919 飞机常务副总师到 CR929 飞机的总师，深刻体会到技术科学的发展进步对我国大飞机创新发展的重要性。流体力学、固体力学、计算科学、材料力学等典型的技术科学本身就是航空科学技术体系中最重要的组成部分，在大飞机研发体系中都有相应的设计研究团队。作为总师，研究流体力学、固体力学、飞行控制，以及计算科学、材料科学这些典型的技术科学，就是我和我的团队工作职责的重要组成部分，或者说是我们职责分内之事。我们的研究对象是大飞机力学的两个重要分支，流体力学和固体力学，流体力学与大飞机的外形设计和推进问题密切相关，而固体力学与大飞机的结构设计密切相关。我们研究飞机与空气流动的相互作用机理和相应结构以获得最高的升阻比，从而让飞机飞得更久更远，实现更高的经济效益。
>
> 在技术科学研究方面，我们基本上有下面几个职责或者任务。第

---

① 赵忆宁. 专访 C919 项目常务副总设计师陈迎春："C919 飞机自主创新有五个标志". 21 世纪经济报道, 2015-11-02.

> 一，针对大飞机建立和发展航空科学体系中的技术科学，比如前面提到的流体力学、固体力学、飞行控制，以及计算科学、材料科学等，在这方面，我们也尽可能多的与高校科研院所相关的技术科学家们建立长期稳定的友好合作关系以相互支持、共同发展。第二，培养一大批大飞机领域的技术科学家，我们有时候也把他们叫作"工程师里的科学家"或"科学家里的工程师"，也就是兼具科学家与工程师特征、素质与能力的复合人才。第三，研制出具有世界先进水平的大飞机，完成国家使命，创造经济效益和社会价值，同时在解决大飞机研制过程中一些关键核心问题时，促进流体力学等基础学科的发展。
>
> ——中国商用飞机有限责任公司科技委常委 陈迎春

案例：（19）兵器系统的武器发展论证与总师思维

我国兵器系统在国际上处于先进水平，但正面临着数字化、智能化转型所带来的挑战。一方面是指挥信息系统的一体化从而确保联合作战；另一方面是轻量化和电动化从而实现远距离作战。随着人们对武器的功能要求的增加，武器系统还面临着综合化和专业化的矛盾。以坦克的发展历程为例，第一代坦克主要由蒸汽机和电力的出现来得到推动，主要满足防护和进攻功能；第二代坦克是在发动机以及热力学的推动下实现的，主要为了提高攻防的精准度；第三代坦克是在信息技术的推动下完成的，提高了态势共享的水平，实现了坦克信息化；目前，各国正在积极推动第四代坦克的研制进程，以满足在数字化、智能化时代下新型战场的武器需求。在每一次的迭代过程中，技术科学可以基于现实的技术挑战，梳理出科技攻关布局的重点方向，发挥其对于武器发展的革命性作用。兵器系统较为庞大，涉及动力系统、控制系统、质量系统等。为了实现当下以及未来智能化兵器系统的建设，总师需要在信息网、电网以及热网等方面提前布局，这进一步要求在包括地面力学、非线性系统振动的动力学等基础原理方面实现突破。可见，兵器系统的总师首先需要理解作战需求，根据需求提高对应的作战能力，并设定相应的技术指标。其次，总师需要将相应的技术需求转化为基础科学层面的原理突破要求。例如，主战坦克总体设计的核心任务就是在不增加部件技术难度（水平）的前提下追求总体性能的"极大"和外形尺寸与质量的"极小"，因此，通过分解火力、机动、防护性能指标参数，分析各性能指标与总体尺寸的关系，建立主战坦克基于主要几何尺寸的火力、机动力和防护力综合优化模型成为控制坦克总体长度、宽度和高度的措施与方法①。

> 第一代坦克应该说是出现在一战和二战，坦克都是一代坦克。原来骑兵很厉害，骑兵最早打仗的都是依靠步兵，拿了一个标枪，成群结队，靠战法，靠布阵，靠计谋。后来到了成吉思汗，他的骑兵很厉害。欧洲到一战的时候，骑兵的发展碰到了一个瓶颈，就是铁丝网和战壕，步兵骑兵都跨不过它。英国人当时就想能不能弄个东西，不怕这种战壕和铁丝网，既可以保护自己，又能够冲锋陷阵，并且冲锋陷阵还比较快。蒸汽机、电力这些东西出来以后，他们就开始搞这个东西，那个时候出来的坦克五花八门，但是基本上有这么几样东西。第一个它得有一个大炮能够打击对方；第二个它能够越野，不怕战壕和铁丝网，能够开过去；第三个它能防护自己，不怕你的机枪。于是就弄出来第一代坦克。它的技术表征就是发动机功率有多大，火炮穿深有多厚，能防多少的子弹穿深。把这三个要素一说，就形成了第一代坦克的技术特征。到了第二代坦克时，大家要打得远了，要打得准了，要跑得快了，防护也要更厚了，这就是第二代。第二代的发展推动了发动机的热力学，特别是我们这些穿甲弹，还有乔巴姆的这种防护，这些技术都有明显的进步。所以二战以后一直到七八十年代，各国十几年来疯狂地发展坦克，觉得坦克太好了，火炮打得很远，穿透又很厉害，越野跑得很快，也经得住你揍。应该说二代坦克把机械化发到了极致。第三代坦克是什么？就是信息化。现在你出去不是像个力量很强壮的一个大傻瓜。大块头挺厉害，不行，得聪明。第三代坦克在于信息化，你出去不能单打独斗，我都告诉你目标在哪里，你自己也是信息节点，坦克上的三个人也可以

---

① 毛明，马士奔，黄诗喆. 主战坦克火力、机动和防护性能与主要总体尺寸的关系研究. 兵工学报，2017, 38（07）：1443-1450.

协同，各方面跟人家要协同，要有信息化。信息化这个层面东西很多，第一个叫作态势共享，这一群坦克出去以后，我们和步兵和其他友军的信息要共享，敌人在哪里，我方在哪里，你的任务是什么？我的任务是什么？你的作战区域是什么？在战场上的态势上要互通有无。第二个是车内本身，我们三个人信息要相互沟通。车长决定打还是不打，跑还是不跑，怎么一个弄法，打也好，往哪跑也好，往哪开也好，都是车长在指挥。车长还要去跟上级不停地去沟通，要不停地去找目标，找目标以后他要标注这个目标。炮长看这个目标是什么，选择弹药精准地瞄准打他。驾驶员是开车的。这三个人是要协调要配合，相互之间要在不同的作战场景下有不同的信息共享模式。第三个层面就是你的装备本身设计的时候，所对应的信息系统架构，什么样的总线，什么样的域控制器？总线是什么？什么样的计算机？存储是什么？传感器有什么？这些层面的东西。这是三代坦克，我们把它叫信息化坦克。"99A"就是信息化坦克，我们把二代坦克的短板补上了，到2010年，信息化坦克真正做完，这就是所谓的第三代。第四代坦克，现在大家都在试。网上就能看到有个"黑豹"。俄罗斯人是在2014年就推出"阿尔玛"，俄罗斯人号称它是世界上第一款第四代坦克，但我们一直不认可。因为与刚才说的这些一二三代坦克的特征，特别是与三代坦克特征相比，并没有革命性进步，它只是做成了一个无人炮塔，炮塔里面没有人，把人都放在车底盘上，只是加了主动防护，只是把发动机的功率再提高，体积再缩小，还是机械化的进一步发展和信息化。可能在总体结构上在各方面做了一些改进，但是看不出有革命性的东西。2022年德国人推出了"黑豹"，在法国萨托里办了展览。"黑豹"有一点新的味道，它在炮塔上把任务系统调整，不再是一门大炮，上面有巡飞弹，有无人机也放到炮塔上，也就是说增加了无人机功能，在信息感知这方面得到了蛮大的提升，加了巡飞弹，把坦克的作战距离从原来的相当于10km一下扩展到30~40km这样一个水平。另外它有主动防护，在多功能作战区域大幅度增加这样一个功能。一个礼拜前，韩国人又推出了一个概念，这个概念应该说跟"黑豹"没有本质上的区别，韩国人也认为这样做是一个方向。我们现在已经做了，出了样车了了，是一个新的概念，跟刚才说的还不完全一样，这可能是我们新一代坦克的雏形。刚才在讲到坦克总体层面上理念的时候，已经与你们分享了这个意思。矛和盾怎么协调？专业和综合怎么协调？信息的泛在和信息的按需推送，这方面通过我们的新一代坦克的发展会展现出我们新的设计思想，这些设计思想是世界上还没有的。

我们有系统地搞装备，有系统的路数。第一个路数是你的作战要求是什么？我们现在作战要求是对台决战决胜，这时要设计什么样的装备。我们要在"一带一路"保护我们的资源或者人员，我们在海外的管辖区需要一种什么样的装备？我们的路数就是你要打一个什么仗，你有一个什么军事需求，而有了军事需求以后，我们就会映射出你需要一些什么样能力，需要什么样的战术技术指标？再看看工业供给技术供给能力怎么样，会有什么状况？弄完以后就可以开干了。作为总师，最明确的方向就是智能化，就是分布式协同的一个作战的场景。技术科学发展，我们兵器这方面涉及的领域太多了，几乎所有的都可以在我们这里找到。需要构建陆域装甲突击系统这样一个科学与技术实验室。在这个实验室里面有四个方面。系统总体涉及信息网、电网、热网这些方面总体技术，这是第一个方向。第二个方向是我们高机动的运营，因为我们是陆军，不是航天，也不是航空，也不是航海，我们是航地。我们知道陆地上载运，就是越野，你怎么能有很高的越野机动？陆地上机动能力最复杂，比航空、航海、航天都复杂，它们的环境要单一点。陆上的越野能力的重要发现，包括地面力学、非线性系统振动的动力学、动力能源都在这里。第三个是我们的火力，我们现在多功能的火力，以精准的火力高效地打击目标，毕竟你功能要多、效率要高、打的还要准。要能够自己去发现目标，去攻击目标。第四个就是防护，坦克装甲车辆，装甲就是防护，我们防护现在已经变得越来越系统，越来越复杂了。从隐身开始，一直到探测对抗，光电对抗，一直到主动的对抗，最后到我们装甲的这种被动的防护，这四大方向，都有技术科学问题。

——中国科学院院士　毛明

3.3.2 技术科学涵养战略规划论证范式

贯通科学和工程的特点，意味着技术科学涵养着丰富的战略规划论证范式，如在工程技术发展的评价和投入上利用德尔菲法进行技术科学发展的论证，或是在项目遴选上参考"DARPA九问"的论证范式。

案例：（20）工程技术发展论证中的德尔菲法

工程科技是科学技术转化为现实生产力的关键技术环节，是国家产业竞争能力和建设现代化经济体系的重要支撑。习近平总书记指出，工程科技是推动人类进步的发动机，是产业革命、经济发展、社会进步的有力杠杆[1]。随着技术创新体系日益高度融合与复杂化，全球科技竞争更加激烈，尤其是中美贸易摩擦升级为高科技领域的技术竞争，系统谋划工程科技发展战略服务我国创新驱动发展战略实施与中长期科技规划制定十分必要。近年来，需求研究在技术预见实践中的应用逐渐加强，工程领域关键技术是否能够满足未来经济社会发展愿景成为重要标准[2]，以产业需求为导向确定工程技术重要前沿攻关领域有助于形成基础研究的正确导向。

在工程技术的发展论证中，技术预见是通过科学方法和分析过程，对未来科技发展的战略重点、重点领域和重要技术进行的研判和预测。其中，德尔菲法（也称为专家规定程序调查法），在定性技术预见方法中处于核心地位，通过专家咨询方式进行大规模调查，进而达成技术预见共识，作为非见面形式的专家意见收集方法，是一种高效的、通过群体交流与沟通来解决复杂问题的方法，该方法广泛应用于各国科技中长期发展战略的研究领域。在工程技术未来发展的论证中，一是可以通过邀请行业内的权威专家组成专家小组使用德尔菲法进行工程技术的发展预见，具体可采用背对背通信进行无记名调查搜集成员的意见，通过多轮搜集，将专家的技术预见意见进行汇总，在专家意见趋近于统一时对未来技术发展进行研判，包括组建预见小组、选择参调专家、设计调查问卷、多轮调查以及结

---

[1] 习近平总书记在中国科学院第十九次院士大会、中国工程院第十四次院士大会上的讲话摘录. 系统工程，2021，39（01）：159.

[2] 庄芹芹. 产业发展对工程科技的需求分析方法与实践. 科技管理研究，2022，42（10）：27-33.

果汇总反馈等步骤，捕获未来工程技术的发展的关键方向。中国科学院于 2003 年开展我国未来二十年技术预见研究，并分别于 2005 年和 2008 年完成了四个不同领域的技术预见工作。2009 年中国科学院发布了《创新 2050：科技革命与中国的未来》系列报告[1]，描绘了我国 2050 年的科技发展路线图，提出构建以科技创新为支撑的八大经济社会基础和战略体系。但智钢等（2017）基于德尔菲法，筛选出环境工程科技发展的关键技术、共性技术及颠覆性技术，分析技术实现时间、发展水平和制约因素，服务"中国工程科技 2035 发展战略研究"项目[2]。二是在战略预见方面启动国家自然科学基金委员会与中国工程院的合作机制，推进协同创新，以战略研究支撑科学决策，以科学决策指导科学发展，不断提升科学基金工作的科学性、系统性、前瞻性和战略性，以工程技术的发展论证结果为参照进行部署优先发展领域和主要研究方向。正如习近平总书记所言，科技攻关要坚持问题导向，奔着最紧急、最紧迫的问题去。要从国家急迫需要和长远需求出发，前瞻部署一批战略性、储备性技术研发项目，瞄准未来科技和产业发展的制高点。要优化财政科技投入，重点投向战略性、关键性领域[3]。

系统谋划工程科技发展既是推动科学技术转化为现实生产力的关键环节，也是我国实现科技自立自强的有力支撑。现代工程和产业发展的正确导向将协同带动基础研究的发展。

案例：（21）以"DARPA 九问"来理解技术科学论证范式

美国国防高级研究计划局（Defense Advanced Research Projects Agency，DARPA）成立的初衷是为了避免美国在军事上遭遇他国的技术突袭，之后逐渐演化为确保美国在军事上的技术领先，这直接决定其研发方向的前沿性、前瞻性、尖端性。我们熟知的互联网、无人机、GPS 导航等技术都源于此机构。DARPA 的成功与"DARPA 九问"的立项规范联系密切：

---

[1] 中科院发布面向 2050 年科技发展路线图. 中国科技产业, 2009,（06）: 29.

[2] 但智钢, 史菲菲, 王志增, 王辉锋, 张裴雷, 郝吉明, 段宁. 中国环境工程科技 2035 技术预见研究. 中国工程科学, 2017, 19（01）: 80-86.

[3] 习近平. 在中国科学院第二十次院士大会、中国工程院第十五次院士大会、中国科协第十次全国代表大会上的讲话. 中华人民共和国国务院公报, 2021,（16）: 6-11.

（一）你想做什么？用通俗语言阐明目标。

（二）已有的相关研究是怎样的？现在研究的局限何在？

（三）你的方法有何新意？为什么会成功？

（四）谁会关心你的研究？

（五）如果成功了，会带来什么改变？

（六）你的这项工作风险和收益是什么？

（七）它会花费多少成本？

（八）它会花费多少时间？

（九）有没有中期检查和结题检查能检验它是否成功？

> 我从2016年开始学习探索以"DARPA九问"组织立项论证。无论是基础研究，还是技术研究，哪怕是工程研究项目，我觉得"DARPA九问"都可以用。对技术科学方面的论证更适合以"DARPA九问"来规范。应该可以用"DARPA九问"来理解技术科学论证范式。另一方面，要有一批管理者懂得"DARPA九问"，管理者与科学家相互迭代，从而得到不断完善的项目论证。有人觉得中国现在学"DARPA九问"有点晚，但是我认为任何时候学都不晚。
>
> ——中国科学院院士　陆建华

世界已经进入以创新为主题和主导的发展新时代，世界高新技术发展呈现出前所未有的系统化突破性发展态势，抢占高科技发展制高点的竞争愈发激烈。"DARPA九问"牵引高科技创新发展的做法，正是着眼于潜在的未来军事需求，据此确定研发方向和目标，是典型的使命导向、由应用引起的"自上而下"型技术科学论证范式。其有效协调打通了基础研究、应用研究、验证试验到产业化的各环节，实现从科研成果到产业化的跨越。

3.3.3　技术科学助推数据驱动的智库建设

智库致力于从事科学预见、战略研究、政策规划等服务，在凝练科学问题、引导核心科学发展方向、促进科技与经济社会发展结合等方面具有重要作用。技术科学领域涉及的问题大都是面向应用、系统化集成、与国计民生相关的"大问题",随着数字时代的到来,技术科学研究也逐渐采用数据驱动这一新的研究范式,通过发挥颠覆性、引领性的前沿技术优势,为科技智库建设创造新的机遇。

案例:(22)中国科学院的科技智库建设

以中国科学院的科技智库为例,自 2015 年 11 月,中国科学院被国家确定为首批高端智库的试点单位之一以来,充分发挥自身独特优势和综合集成平台作用,产出了一批重要智库研究成果,决策影响力、学术影响力、社会影响力、国际影响力显著提升[1]。现今时代,数据已然成为社会重要基础资源与形态,通过深入研究基于数据的优化、控制和建模的理论和技术,提炼关键科学问题并探索可能的解决手段,能够不断提高智库建设的前瞻性和科学性[2]。

> 我想谈谈智库建设本身,我认为数据驱动是必不可少的。首先数据要标准化,大家得能共享、能读、能用,数据库领域大家得讲同样的"语言"。智库建设宜注意三个关键词:互联、互通、互操作,要能实现以此为目标的标准化,这是最关键的。
>
> ——中国科学院院士　陆建华

随着数字化水平不断发展,中科院科技智库研究的问题也更为综合复杂,需要大力发展基于新一代信息技术的深度数据分析工具,以保障智库研究的标准化、规范化、科学化[3]。在这个过程中,数据资源发挥着重要价值。中国科学院的智库建设是以问题为导向的系统设计,数据是智库数据驱动型研究的基础,数据建设是智库建设的重要内容[4],中国科学院智库建

---

[1] 中国科学院. 第三届智库建设理论研讨会在京举行.(2022-09-29). https://www.cas.cn/gaohonjun/hd_125892/202209/t20220929_4849296.shtml.

[2] 欧阳剑,周裕浩. 数据驱动型智库研究理念及建设路径. 智库理论与实践,2021,6(03):20-27,36.

[3] 求是网. 高端智库建设要做到"五个坚持".(2019-07-08). http://www.qstheory.cn/llwx/2019-07/08/c_1124721762.htm.

[4] 欧阳剑,周裕浩. 数据驱动型智库研究理念及建设路径. 智库理论与实践,2021,6(03):20-27,36.

设要实现数据驱动，关键在于加强数据建设。一方面，汇集多源数据，需要充分抓取、挖掘相关跨域多源数据，扩大智库数据资源类型及数量，构建集采集、分析、展示与共享于一体的大数据平台，以解决智库数据驱动型研究面临的数据孤岛问题，并满足智库团队的多样需求[①]；另一方面，实现数据标准化，避免"巴别塔"效应的形成。不同的数据收集者应该使用统一的标准，将众多数据收集者收集的大量、多样的数据转化为有价值的数据资源，克服其中的技术障碍，以创建数据协同效应，并促进数据的更多利用。

案例：（23）数据平台建设

科学数据是科研过程中极为重要的基础条件，其广泛存在于科学数据平台、馆藏资源、出版平台等不同的平台之中，如何管理和运用数据是学术界需要持续探索的问题。数据要素的重要价值在于支持科学研究和技术创新，以可查找、可访问、可互操作、可重用为内容的 FAIR 原则有助于充分发挥数据的要素价值。

以新型学术搜索引擎 Dimensions 为例，该平台由斯普林格·自然（Springer Nature）子公司数字科学（Digital Science）所开发。作为最大的综合科研信息大数据平台，其利用机器学习技术挖掘出版物、临床试验、专利、数据集、政策文件等文献中相互关联的数据，全方位描述一项研究从起源到结果的全过程，具有数据量大、数据种类繁多、价值密度高、处理速度快四大主要特征，使其迅速成为学术出版界的"新宠"。

> Digital Science 是 Springer Nature 的子公司，该公司有若干产品，Dimensions 是其中一个产品。我们以前对一个事物的评价有点单一，比如讲五唯、唯 SCI、唯影响因子，但是这个 Dimensions 就通过不同的维度（dimension）去看对这件事物的关注，有时候不光看学术期刊上的关注，还看社交网络上的关注，还看当地的新闻报纸等，通过很多维度对这个事物加以观察。通过不同的维度再找找一定的关联，比如 Web of

---

[①] 中国社会科学网. 数据驱动：智库研究范式变革新趋势.（2022-04-12）. http://news.cssn.cn/zx/bwyc/202204/t20220412_5402957.shtml.

> Science 如何评价？Google Scholar 如何评价？社交网络怎样？不同地域、不同的人群怎么看这件事，就是这个意思。
>
> ——中国科学院院士　杨卫

首先，Dimensions 汇聚多种类型的海量科研信息资源，截至 2021 年 12 月，平台涵盖超过 1 亿 2400 万份文献，建立超过 40 亿跨数据源关联关系，强大的一站式检索使用户能够避免数据迁移和时间浪费，打破不同类型文献间的信息壁垒，理清科研发展脉络，并及时识别研究领域进展，符合科学数据共享的首要前提，即 FAIR 可查找原则。其次，Dimensions 支持一键访问百万开放获取文章，若所在的大学支持 Dimensions，该学校授权的出版物也可以从 Dimensions 即时访问，并支持 Dimensions Analytics、通用 API 接口和 Google BigQuery 云数据分析引擎多种方式快速访问，通过良好的网络基础设施与持续性的数据更新和维护来支持数据、元数据的长期访问[1]，充分满足 FAIR 可访问原则。同时，Dimensions 自动链接出版物相关的专利、自主知识产权和临床试验，且通过提供研究者界面，展示单独的研究人员从其发表文章到申请专利的全部活动，也与 ORCIS 账户相关联，由此实现本地数据与第三方的深度可互操作，基于上述三方面实现 FAIR 可交互原则。此外，Dimensions 数据具有明确的使用许可，推动数据用于进一步的计算研究，可帮助科研人员追踪文献的开放获取状态、出版商信息等，贯彻 FAIR 可重用性原则。

3.4　技术科学推动生产力发展的功能

现代社会生产力发展的需要，导致科技与经济的密切结合，其中有大量的技术科学问题[2]。纵观人类社会的发展历程，技术科学迅猛发展并渗透

---

[1] Wilkinson M D, Dumontier M, Aalbersberg I J, et al. The FAIR Guiding Principles for scientific data management and stewardship. Sci. Data，2016，3：160018.

[2] 王大珩. 技术科学工作者的使命. 办公自动化，2012，(S1)：1-6.

于社会生产力各类要素中,成为推动四次工业革命更迭、颠覆性技术发展的重要力量。当前,我国制造业正处于从高速发展阶段向高质量发展阶段转变的关键时期,在制造强国和材料强国的建设过程中,技术科学的作用更是不容小觑。我国成为"基建狂魔"的底气、实现"双碳"目标的保障,以及承载"为国铸剑"使命的支柱都在于技术科学。

3.4.1　四次工业革命的突破点都在技术科学

生产力的发展离不开技术革新,而技术革新又源自科学研究领域的重大突破。在历次工业革命历程中,技术科学的发展对于产业及工业推动作用愈发明显,其主要研究和解决工程技术中的一般性问题,研究成果对工程技术具有普遍的应用性[①],这种普适性的科学原理再不断拓展技术应用的范围,从而不断实现生产力的飞跃,推动人类社会从蒸汽时代、电气时代、信息时代进入如今的智能化时代,每一次工业革命的突破点都在于基础科学与工程技术之间的技术科学贯通。

案例:(24)蒸汽机时代——卡诺热机与工程热物理

蒸汽机的发明与使用是第一次工业革命的重要标志。随着机器生产的增多,原有的动力如畜力、水力和风力无法满足英国生产需要。1785年,瓦特制成了改良型蒸汽机(联动式蒸汽机)投入使用,提供更加便利的动力,并得到迅速推广,人类社会也由此进入了"蒸汽时代"。在蒸汽机得到广泛应用之后,人们对蒸汽机的效率的需求越来越大。然而,在对热机效率缺乏理论认识的情况下,工程师只能就事论事,从热机的适用性、安全性和燃料的经济性几个方面来改进热机。他们曾盲目采用空气、二氧化碳,甚至采用酒精来代替蒸汽,试图找到一种最佳的工作物质。这种研究只具有针对性,而不具备普遍性,从某一热机上获得的最佳数据不能套用于另一热机,这就是当时热机理论研究的状况。真正提出科学热机理论的是法国工程师、热力学的创始人之一尼古拉·莱昂纳尔·萨迪·卡诺。他

---

① 陈勇. 钱学森与国防科学技术大学系统工程专业的创建——技术科学思想的视角. 高等教育研究学报, 2014, 37 (04): 44-50.

采取了截然不同的途径，不是研究个别热机，而是要寻一种可以作为一般热机的比较标准的理想热机。他提出整个蒸汽机工作的过程分解成四个过程：两个等温过程、两个绝热过程。热机有两个热源，一个是高温热源，一个低温热源。热机在高温热源的时候，它的第一个过程，就是从高温热源吸热，然后蒸汽保持等温膨胀的过程，这里的压强跟整个体积是遵从等温膨胀的关系。在等温过程结束之后，然后紧接着热机离开了热源，它经历的是绝热膨胀过程，所以这时候它的压强跟它的体积遵循的是绝热膨胀的关系。在膨胀结束后，然后活塞又往里压气体，所以这时候它就会放热。在低温热源，先是一个等温放热的过程，最后是一个绝热压缩的过程，这四个过程组成了一个循环，即卡诺循环。

卡诺循环为提高热机效率指明了方向、提供了一个可靠的科学基础，也成为第一次工业革命的突破点，充分体现了技术科学在剖析工程应用问题时发挥的源头创新作用。技术科学不仅促进了基础原理的突破，也打破了应用领域天花板。随着蒸汽机效率的提高，机械工业甚至社会发展迅速，推动了热力学乃至工程热物理的发展，这又为之后汽轮机和内燃机的出现奠定了理论基础，彰显了技术科学原理的普适性以及其从需求中来到需求中去的特性。

如果你回顾一下工业革命，有人把它断代为三次，也有人断为四次，这都没关系。总体来看大致都是能源科学牵引，并与信息科学交融。第一次是因为蒸汽机，以卡诺热机为标志。蒸汽机的产生整个带来了工业革命，如果再把它与扮演信息角色的印刷术结合，就使得人类活动发生了天翻地覆的变化。蒸汽机的出现使得整个的工业慢慢地开始实现机械化。第二次是电气革命，就是以电气为代表的，内燃机车不再烧煤了，用电。出现了电话、电视、电报等等这些电信技术，其实还是信息革命，它是能源这一块的革命性的突破，带来了我们日常生活的巨大的变化和生产生活方式的巨大变化。因为电的产生，整个生活方式都变了，人们生活水平的也就不断地提高了。也是能源从传统的能源要变成新能源的矛盾。第三代在能源方面就是可再生能源，如太阳能、风能，

> 这样一来，它带来我们的整个的生产生活方式都不一样。最显著的特点，就是从光缆照明，到电冰箱、电视机，再慢慢到所有的东西，包括家中厨房的东西，全部在电池板上了。除了生活方式的变化，生产上也是这样。我们说这场革命从可再生能源到信息，大量IT技术的产生，从机器人再到整个的互联网，再到现在生产线上都是无人化了。所以我感觉确实是这样的，与人类的生活密切相关的地方，重大领域上的技术上的突破，才真正带来了我们的生产生活方式乃至社会各个方面的变化。你看现在信息化、数字化、智能化，同时也有能源，看到整个世界的包括战争等等，说到底你看到都是能源，与能源危机相联系。所以我刚刚讲的技术上面的突破是太重要了，因为它可能带来突飞猛进的社会变化，突飞猛进的超越式变化。欧美发展到一定时候，可能人文金融各个方面也很重要。中国因为属于发展中国家，一直认为这个技术创新和技术革命是最重要的。
>
> 技术与科学的关系有点像我们讲的自然辩证法，呈螺旋上升，都是从大自然界中发现很多不可解释的现象，我们的前辈科学家就开始在这方面探索，看到底是一个什么情况，什么原因。探索之路也很长，从发现问题到你一定程度上解决后去应用它的时候又发现新问题了，然后开始回归，又从基础的理论上开始新探索，探索完又去指导实践，我感觉像自然辩证法一样，是一个螺旋。一开始都是基于对自然界的学习认知中发现很多的问题，牵引着我们对其本质的技术理论的这种追究、探索和理解，反过来拿这个去指导实践的时候又发现新问题。所以我自己感觉技术和科学的不可分割，真的是这样。从科学可能上升到技术应用的某个层面上去，又去螺旋上升，上升到哲学的层次。但是它的源泉，都始于我们想去解决大自然的问题，都是在这个过程中发现了很多不可思议、不可理解的问题时开始往前走的。
>
> ——中国科学院院士　何雅玲

案例：（25）电气化时代——电能与电网

以电磁能的发现及电力设备的使用为代表的第二次工业革命，将人类社会由蒸汽时代推进到电气时代，实现了人类社会生产力的又一大飞跃。在第一次工业革命时期，许多技术发明都来源于工匠的实践经验，科学和技术尚未真正结合。而在第二次工业革命期间，自然科学的新发展，如麦克斯韦电磁场理论、欧姆定律、基尔霍夫电压电流定律等，开始同工业生产紧密地结合起来，科学在推动生产力发展方面发挥更为重要的作用。随着电能的应用普及，电能的生产和输送问题也逐渐暴露，技术科学紧密围绕现实问题，揭示导致这些问题背后的基础科学原理，从而为产业升级、社会进步做贡献，体现了技术科学的需求牵引特征。一是解决电能的应用问题，即发电与用电。这一时期，人类基本了解了电学的基本规律，造出了早期能用于储存和产生电能的装置，但是在如何应用电力上尚未有所突破，因此电能并未在当时成为一种新的能源。1866 年，德国工程师西门子发现了发电机工作原理，制造了发电机，从而为利用其他能源经济、简便地发电提供了可能，也为之后的电气工程奠定了基础。1870 年，比利时人格拉姆发明了电动机，发电机将机械能转化为电能，电动机将电能转化为机械能，电动机的应用使得很多过去无法使用蒸汽机提供动力的工序可以引入额外动力，随后电灯、电车等相继问世，人类进入了"电气时代"。二是解决电能的传输问题，即传输系统不稳定、电网材料侵蚀的问题。但电力大规模应用于生产必须解决远距离输送问题。美国发明家爱迪生在纽约创建了美国第一个火力发电站，把输电线连接成网络。随着电能的普及，输电网系统日渐庞大，此时，系统的不稳定和输电网络材料腐蚀等问题逐渐暴露。为了解决这些现实问题，控制论和非线性理论的相关研究开始推进，其为系统的维稳提供了科学依据。同时，关于多物理场的计算模拟仿真的基础研究也相继展开，这为材料技术研究提供了支持，从而可以提高输电网材料的效率，保障输电效率。

> 从理论上来讲，这一百二三十年的发展历程都是遵循着过去我们电力系统的基本物理规律。当然最基本的物理规律就是麦克斯韦电磁场理论，或者叫电动力学，这是基础理论，也是传统的宏观基础理论。这些基础理论一直指导着我们电力系统，其中具体的定律，比如说欧姆定

律、基尔霍夫电压电流定律，这是路的概念，还有场的概念，电场、磁场，还有热场、力场，这样的基础理论指导着整个系统由电压等级比较低、覆盖的规模比较小，往更高电压等级、更大规模发展，然后一直到现在的特高压输电等级。现在中国的电压等级是全世界最高，1000kV、50Hz的交流输电，直流是±1100kV，覆盖的范围已经由原来城市级，到省级，到大区级，以及现在的全国范围。

基础理论对电力系统的第一阶段、第二阶段、第三阶段都起到很大的促进和支撑作用。当然这些基础理论不能直接解决我们的工程技术问题，因为它是普遍的物理规律，在解决工程的具体技术实践的时候，得把这些物理规律跟实际工程结合起来，产生新的方法才行，要有新的分析方法才能进行具体的指导，这就是技术科学的内容。

那些欧姆定律、基尔霍夫定律，包括麦克斯韦方程，都是基础科学的东西，适用于很多的物理现象，用数学的形式描述出来，那是普适性的。

但对于具体工程来讲，很多东西都是技术当中的科学问题。我觉得主要是两类问题：第一类是解决系统所用的材料、器件和设备，这一类用到技术科学问题。可能对多物理场的分析、仿真技术的进步是非常有益的，特别在20世纪那个时代，计算机还不行，通过计算很难分析复杂场景下的多物理场，都是简化分析，但是简化分析后材料、器件和设备就无法做到最优化，比如，性能、成本的最优化，可靠性，包括运维，这些东西都需要基础理论来支撑。20世纪后半叶，计算机信息技术发达后，多物理场仿真的计算能力就非常强，强化了解决科学问题的能力。所以我觉得第一个方面就是，多物理场的计算模拟仿真，能够作为非常重要的工具来帮助促进在实际工程技术当中很多科学问题的解决。这是一类，就是属于计算类技术，这当然也是多学科交叉。

另外还有一类是测试类技术，也可以叫感知技术，感知技术促使我们整个电气装备从设计、制造、运行到运维有很大的进步。这三个阶段都是需求牵引，经济社会的发展阶段牵引着电能普遍、广泛使用，这是最大的需求牵引，但是需求牵引如果没有技术科学的推动，也是实现不了的，所以技术科学的推动和助力作用还是非常大的。这是属于设备级的，就是材料、器件到设备，因为大系统肯定是由设备组成，设备内部又有器件，器件背后又有材料，整个链条还是比较长的，这部分的优化提升或者是新一代设备的研发、生产、制造、运维都离不开技术科学强有力的支撑和促进，这是一个方面。

20世纪80年代初，改革开放刚开始的时候，中国环境污染非常严重，大量排放的污渍落到输电线路的绝缘纸上，一有毛毛雨甚至是遇到潮湿天气，整个线路就全部放电，一放电便造成大面积的停电，比雨雪冰冻还厉害。因为工业污染物大部分是盐分，盐如果在水的作用下，例如接触到潮湿空气，就会电离出离子，在电场的作用下做定向运动，定向运动就会发生短路。一短路便全部跳闸，形成大面积的停电。现在我们靠材料解决这个问题，原来是磁陶瓷，这种材料是无机材料，它的绝缘性在干净环境下非常好，但一旦有污渍落上去，在有水的情况下，水珠滴上去就会把它溶解了。所以要研发一种憎水性的材料，水滴上去以后形成水珠，咕噜一滚就没了。我们从80年代就开始逐渐研究高分子硅橡胶材料，硅橡胶这种高分子材料早就有应用，用于电力系统主要是解决环境污染造成的污渍、脏物附着上去以后的散落问题，就是放电问题。我们系统的进步都得靠全链条，也得要有新的材料可应对工程技术上遇到的工程问题。

我认为中国的工程技术发展，包括高铁、电力系统，或者说建筑土木工程，这些都是需求牵引，电气化和现在的再电气化都是大需求，大需求背后是技术科学的促进推动，才能使得产业不断升级，技术不断升级，乃至于大系统的安全稳定运行。

——中国科学院院士　陈维江

案例：（26）信息化时代——计算机与互联网

第三次工业革命推动人类进入信息化时代，而信息技术强大的渗透力致使产业需求在前，科学发现在后。正是在这样的情况下，技术科学凭借其承上启下的中介作用，推动技术科学原理的突破，从而推动生产力的发展。这次工业革命滥觞于二战的中后期，对战争信息的紧迫需要推动了计算机技术的出现和发展，随着电子计算机的出现，一些研究所、大学、大型企业等组织对科学计算的强烈需求促进了计算机在民用领域适应范围扩大，加速了计算机技术的崛起。由于计算机不断与新技术融合、渗透到传统领域，导致对计算机的性能要求越来越高，从而催生了计算机领域技术科学相关方面的研究，聚焦计算机用于各领域所涉及的共性原理、方式、方法和技术[①]，产生了巨大的科学研究成果，包括量子力学以及维纳的"控制论"和香农的"信息论"，三者奠定了计算机技术和通信技术的基础，没有这三个理论，就不会有现代的电子计算机、手机和互联网。此外，电子管的发明和运用（虽然它很快被晶体管替代），是现代电子产品的起点。1947年美国科学家威廉·肖克利、约翰·巴丁和瓦尔特·布拉坦发现了半导体材料的放大效应，成为后来晶体管、集成电路、大规模集成电路、超大规模集成电路以及极大规模集成电路的基础[②]。如果说计算机是一个个的个体，那么互联网就像是语言一样将所有的个体都联系起来，形成计算机的社会化。互联网是第三次工业革命的依托点，互联网的问世和发展离不开通信技术的支撑，而通信技术的突破离不开基础研究。20世纪40年代，《通信的数学理论》的发表不仅是信息论研究的开端，更为现代通信技术发展奠定理论基础，60年代有关光导纤维在通信上应用的基本原理突破，揭开光纤通信序幕[③]。

> 信息化时代——计算机互联网，技术科学如何实现生产力发展。因为我是搞信息的，可以这么说，信息技术跟其他的技术科学还不太一样，它的渗透力非常强，有时候是技术发明在前，科学发现在后。计算机的互联网是这样的，先有技术发明，先有网络和产业，然后再去搞科学研究。我觉得互联网科学到现在还处在萌芽状态，但是互联网已经蓬勃发生，信息化时代的特征非常显著。最早从科学革命到工业化时代，就得先有科学发现，后产生技术，再推动社会发展，而现在直接是技术

---

① 许博光,张伟. 计算机应用技术的探讨. 硅谷, 2013, 6 (08): 91, 62.
② 刘民钢. 人类历史上的三次科学革命和对未来发展的启迪. 上海师范大学学报（哲学社会科学版）, 2018, 47 (06): 64-71.
③ 陆建华. 为信息社会构筑发达"神经系统". 中国报业, 2021, (13): 44-45.

> 在推动生产力的发展。现在说算力就是生产力，当然这是一种期望，不过我相信是有道理的。
>
> ——中国科学院院士　陆建华

案例：（27）智能化时代——从智能化制造到军事智能化

在大数据、云计算、人工智能等技术共同推动下，第四次工业革命拉开帷幕。美国、德国、日本等国家纷纷提出工业转型战略，强调以信息技术为支撑，推进制造业转型升级，从而提升工业发展整体能力。智能制造通过对人、机、物的全面互联，形成了全新的制造和服务体系。2015年，国务院发布《中国制造2025》，把智能制造作为我国未来主攻方向，并提升至国家战略高度大力推进。但与发达国家从大规模制造到智能制造的渐进式发展不同，中国制造呈现出短时间跨越式战略变革的特征[1]，这导致我国在从工业化到智能化转变的这样一个阶段，面临技术"空心化"难题。从人工智能关键要素——算法来看，由于制造过程是动态、开放、不确定条件下的物质能量转换过程，而经典算法却主要解决封闭集合、完备规则、有限约束情况下的问题，因此，经典算法面临新的挑战。在这样的情况下，由工业需求牵引"自下而上"地提炼共性问题、攻克新算法是解决智能制造挑战的关键[2]。从高端装备上来看，光刻机、机器人等关键技术仍然受制于人。以机器人为例，机器人和人、环境共融是未来发展的趋势，但真正实现需要克服诸如步行机器人在复杂路面行走、加工机器人能够在负责范围内工作并保持各种状态不受其他人机的影响等问题，就需要提高机器人机构灵活性、对环境理解认知能力、分布协调控制能力等。而要实现上述能力的提高，一定要扎根于基础理论研究，为机器人发展提供后续动力，最终实现机器人技术的真正突破[3]。此外，值得强调的是，由于智能制造系统复杂、牵涉人工智能、材料、力学、计算机等多学科，如最典型

---

[1] 肖静华，吴小龙，谢康，吴瑶. 信息技术驱动中国制造转型升级——美的智能制造跨越式战略变革纵向案例研究. 管理世界，2021，37（03）：161-179，225，11.

[2] 丁汉，袁烨. 前言——工业人工智能. 中国科学：技术科学，2020，50（11）：1413.

[3] 丁汉. 机器人与智能制造技术的发展思考. 机器人技术与应用，2016，（04）：7-10.

的光刻机，涉及精密光学、精密器件、传感器、隔振等各种知识和技术，因此，必须要掌握多学科的科学理论才可能实现技术攻克，这就要打破清晰的学科边界，提高工程师的知识基础和技能储备。随着机器学习、数据库、自然语言处理等技术的发展，人工智能也逐渐渗透到教育、医疗、交通等传统民用领域之外的军事领域。近年来，各大国都十分重视将人工智能与军事领域结合，构建智能化军事体系。以美国为例，为推动人工智能、大数据及机器学习等战争算法关键技术的研究，美国国防部于2017年开始建立跨机构跨领域的"算法跨职能小组"以推进"知识积累"工程[1]。军事智能化发展聚焦于应用场景，新的应用场景需要新的算法支撑，而人工智能的核心算法依赖于数学基础，包括概率论、有限理性决策分析等。因此，基于基础数学原理开展人工智能研究是提高军事装备精准性、效率等性能的关键[2]。无论是算法还是高端装备的突破，都是典型的技术科学思路，强调需求牵引下的共性科学原理的支撑作用。如果没有技术科学的支撑，技术不可能变革，智能制造和军事智能化不可能顺利开展，技术科学的重要性愈加凸显。

> 在一个学科交叉、数字化、智能化的时代，产品的复杂程度、学科交叉程度更强。最典型的光刻机，里面有精密光学、精密器件、传感器、隔振等各种元素，不可能再靠倪志福式单纯摸索出来，必须要懂得纳米知识才可能做到。现在更加强调多学科交叉和科学理论指导，没有科学理论指导很难，比如超精密的五轴机床，用到很多科学的基本理论。动力学、人工智能、控制，我觉得是典型的技术科学思路，最后的结果是要跑得快、跳得快。怎样跳得快、不摔倒，有力学问题、控制问题，绝对不能按传统方式来搞。它需要用到人工智能，技术发展到除力学、控制之外，还要人工智能、传感技术。在这种情况下，如果没有科学的支撑，技术已经不可能变革，技术科学重要性更加凸显。跟以前不一样，以前可能简单点，现在靠工匠可能不太够。当然工匠很重要，工

---
[1] 王士超. 世界军事智能发展态势及启示. 军事文摘，2022，(19)：32-34.
[2] 薛颖，房超. 人工智能技术的军事应用边界研究. 国防科技，2021，42（04）：111-116.

> 匠通过长期积累，能够做得很好，但技术科学、工程学问题的解决需要综合很多学科的知识，这时候技术科学就更加重要。
>
> 技术科学的发展还是源于问题驱动。比如机器人既要跑得最快，还要不跌倒，怎么样围绕这个目标开始很重要。光刻机里有分系统、子系统几十个，这么多系统，这么庞大的工程问题，把学科交叉性搞好是很难的。我觉得我们国家现在是高端上不去。这次搞工程和技术科学的意义非常好，能够在国家转型历程上留下痕迹。我也思考了很久，经常给他们画图，工程学我就画了好几张图。真正要把工程学讲清楚，工程种类太多，技术门类也太多，搞力学的讲工程学，人家也没有买他账，但是基本原理我觉得未来肯定要依赖于科学，依赖于学科交叉，依赖于需求牵引，依赖于边界打通。
>
> 搞数字化所有的工业元件全是国外的，搞智能化所有的测量手段都是人家的，我们基本上没经过这个环节直接转向智能制造，是有点空心化的问题。举个三坐标测量机的例子。我们所有的三坐标测量机全是国外的，三坐标测量机为什么做不出来？既有控制算法，又有高精度的测头，很难做。导轨精度也很高，还需得到德国 PTB 的认证，所有的精密测量结果都要认证。所以我们工业软件搞不起来，软件也需要很多算法。我们搞个开模软件，做了十几年，2012 年得过国家自然科学二等奖，这个过程很难。技术科学的难度和积累、迭代确实需要科学指引，也离不开大量的工程实践，二者共同前行才行，否则最后技术科学还是搞不定。
>
> ——中国科学院院士　丁汉

基于对四次工业革命发展历程的认识，对技术科学推动生产力发展功能有了更深刻的理解。面对未来的科技革命和国家战略竞争，应积极推进技术科学的重要支撑作用，关注产品功能实现，发挥其对科技强国建设的强大支撑作用。

3.4.2　技术科学推动颠覆性技术发展

习近平总书记在 2018 年两院院士大会上指出：要增强"四个自信"，

以关键共性技术、前沿引领技术、现代工程技术、颠覆性技术创新为突破口。敢于走前人没走过的路，努力实现关键核心技术自主可控，把创新主动权、发展主动权牢牢掌握在自己手中[1]。技术科学问题从需求中来，再往科学中去，牢牢地把握了创新自主权。开展有风险的颠覆性变革都脱离不了基础科学的创新，而技术科学在推动颠覆性技术发展的过程中可起到关键的中枢作用。

颠覆性技术，也称作破坏性技术、突破性技术等，由 Bower 和 Christensen（1995）首次提出[2]。他们认为颠覆性技术是对传统或主流技术进行高度不连续创新，从而能够对市场产生革命性、颠覆性的影响。Christensen（1997）对颠覆性技术进行了更加详细的阐述：颠覆性技术往往以低端市场为入口，随着自身的不断更新和迭代，成功取代主流技术，开辟出全新的技术体系和应用市场[3]。研究和发展颠覆性技术将有助于我国摆脱原创性创新能力不足、关键核心技术受制于人的困境，实现技术跨越式发展。其次，以新一轮科技革命和产业变革为契机，发展颠覆性技术将改变我国现有的产业规则，优化我国现有的产业格局，孵化新的主导产业。同时，作为科技创新的后发追赶型国家，发展颠覆性技术将有助于缩小我国与发达国家之间的科技创新差距，进而为我国建设世界科技强国提供战略新机遇。然而，颠覆性技术的诞生不是一日之功。一项技术能不能服务于社会，实现颠覆，首先取决于基础研究的科学发现，然后是技术能不能发展、能不能解决实际问题。实际上，科学发现以后，在实际应用阶段需要解决很多技术性问题，也会面临更多新出现的问题，走向成熟需要时间[4]。在颠覆性技术发展的历程中，技术科学的自身特性有利于解决颠覆性技术发展中基础研究与实际应用相综合的难点，本小节将从图灵机与密码破译、核物理与核武器、搜索算法与谷歌这三个案例来进行简要说明。

---

[1] 颠覆性技术的预测与展望. 光明日报，2018-05-31. https://www.cas.cn/cm/201805/t20180531_4647986.shtml.

[2] Bower J L, Christensen C M. Disruptive technologies: catching the wave. Harvard Business Review, 1995, 73（1）: 43-53.

[3] Christensen C M. The Innovator's Dilemma: When New Technologies Cause Great Firms to Fail. Boston: Harvard Business School Press, 1997.

[4] https://baijiahao.baidu.com/s?id=1726992150341149737&wfr=spider&for=pc.

案例：（28）图灵机与密码破译

1936年，图灵发表了一篇《论可计算数及其在判定问题上的应用》的论文。在这篇论文里，图灵对哥德尔1931年在证明和计算限制的结果作了重新论述，他用另一种简单形式的抽象设备代替了哥德尔以通用算术为基础的形式语言，这个举措最具变革意义的地方在于，人类首次以纯数学的符号逻辑，与实体世界建立了联系。该项设备后来被世人称作"图灵机"，也就是现代计算机逻辑工作方式的基础理论核心。后来建立的第一代电子计算机，达特茅斯会议上提出的人工智能，其起源都是基于图灵这篇论文中的设想。图灵机的革命性在于实现了基础理论的突破，可归纳为以下三个方面：①图灵机模型建立起通用计算理论，肯定了计算机实现的可能性，同时也给出了计算机应有的主要架构；②图灵机模型引入了读写、算法与程序语言的概念，开创了计算机器全新的设计理念；③图灵机模型理论是计算学科最核心的理论，因为计算机的极限计算能力就是通用图灵机的计算能力，很多问题可以转化到图灵机这个简单的模型进行分析对比[①]。二战爆发后，图灵承担了密码破译员的重任，这也给予了他在实践中持续开展科学探索的机会，其面临的破译挑战是叫作恩尼格码（Enigma）的德国密码机器。图灵基于概率统计理论，发现了Engima密码的发报规律，并建立了一个候选单词库，然后将转子和连接线的问题分开考虑，排除插线板干扰后，仅针对一百万种可能的转子组合进行碰撞攻击，颠覆原来破解密码的基本逻辑，这极大地提高了密码破译的效率。此外，机器生成的密码只能依靠机器破译，图灵基于波兰三杰所制造的"炸弹"基础上，搭建了新机器以提高计算能力，最终成功破译了纳粹德国的军事密码。图灵将科学原理完整引入密码破译的实际工作中，其设计的密码破译机器就是现代数字计算机的雏形。对密码学有着深刻认识的图灵还探索出一种高效的解密算法，人称"图灵方法"（Turingery），在破译德国Enigma密码过程中，图灵取得了一系列原创性的成果。由于这一以技术科学为主导的颠覆性技术的突破，使得盟军得以在密码战中大大地领先于德国，从而影响了二战的进程。

---

① 徐令予. 图灵："登上"英国50英镑新钞的"人工智能之父". 金融博览, 2021, (06): 18-19.

二战结束后,图灵重回学术。1950年10月,图灵发表了一篇名为《计算机与智能》的论文,论文中讲述后来大名鼎鼎的"图灵测试":如果人类评判者无法通过对话将计算机与人类区分开来,那么可以说计算机具备"思考"能力。这篇论文促进了人们对于机器和智能的思考,并直接导致后面人工智能研究的问世。图灵也因此被称为"人工智能之父"。

> 图灵参加了一个团队去破译纳粹德国密码,但必须在一天之内破译,否则密码就变了。后来他做了一台机器,利用它进行计算碰撞攻击,如果这时有一些情报,缩小范围,破译就很快了。如果人猜出一些线索,再和机器来联合在一起,进行碰撞攻击,就能提高密码的破译效率。这一颠覆性技术的发展主要是基于技术科学的进步。
>
> ——中国科学院院士 杨卫

案例:(29)核物理与核武器

核物理学是研究原子核的结构、性质及核能利用的科学。20世纪,包括爱因斯坦的质能关系公式、卢瑟福利用放射性元素镭实现的人工核反应、查德威克发现了中子、链式反应理论等在核物理研究上的重大进展不断涌现。即使在20世纪30年代,它也一度被认为是"无用的知识",是象牙塔中的学问。

但在二战期间,从核物理却衍生出核武器这样一种颠覆性的军事应用。核武器是指利用能自持进行的原子核裂变或裂变—聚变反应瞬时释放的巨大能量,产生爆炸作用,具有大规模杀伤破坏效应的武器。核武器的研制,也是一个以技术科学路线为指导的多学科研制过程,美国的"曼哈顿工程"就是其典型例证。核武器作为一种颠覆性技术,自初次使用后,便开始有力地影响着历史的进程。二战结束后,各大国针对核武器技术展开了持续研究。目前,美国已在着手研制新型核武器,例如发展精度更高的小型核武器,发展对付生化战剂的"除剂核武器",发展核电磁脉冲武器等,从而满足核武器变得更加低威力和实用化的现实需求[①]。以第四代核武

---

① 史建斌. 特朗普政府鼓励发展低威力核武器,用意何在. 世界知识, 2018,(05):36-38.

器为例，通过利用超激光、强 X 射线、磁压缩、反物质等前沿技术对核弹的触发装置进行改进并激发核聚变。换句话说，这类核武器不再需要放射性裂变材料，并以裂变产生辐射的方式引发核聚变，因此被看成是"纯热核武器"。第四代核武器绝非对现有核武器的简单改进，不亚于一场对核武器从理论到技术的颠覆性改革。核武器的产生历史充分证明基础研究是技术发展的基础；技术应用的需求促进基础研究的深入。

案例：（30）搜索算法与谷歌搜索引擎

搜索算法是谷歌搜索引擎的基础。它是在美国国家科学基金会的支持下进行的一项信息技术科学领域的基础研究而结下的硕果。这项当年仅投入数百万美元的研究项目，由于其孕育了谷歌搜索引擎这一颠覆性技术，目前每年可以造成高达数百亿美元的效益。

在美国市场每年都会有新搜索理念向谷歌发起挑战，因而谷歌一直在不断改进、颠覆自己的搜索算法模型，从咖啡因算法、熊猫算法、企鹅算法、蜂鸟算法、伯特算法到多任务统一模型（Multitask Unifield Model，MUM）算法，从而为用户带来更好的体验。以蜂鸟（Hummingbird）算法为例，2013 年 9 月，谷歌宣布了它的新搜索算法蜂鸟算法。谷歌搜索主管 Amit Singhal 表示，蜂鸟算法是谷歌自 2001 年以来在搜索算法方面做出的最重大的改变。搜索的最终目标是理解人的"意思"，即人工智能。在未来，随着人工智能技术的发展，将更高效、更精准地为用户提供最为匹配的信息呈现给用户，排序最靠前的从理论上来说是匹配度最优信息。算法技术为数字经济和社会的高质量发展"提质增效"，成为颠覆性技术形成的原动力。

> 就拿抖音来讲，抖音想让更多的人可以创造内容，于是搞了算法，如果在软件上进行搜索，那么过几天所有相关的网上内容都不断地推送过来。这是一种了解你偏好的算法，只要知道一种行为，就按照一定的相关度推送内容，选取的时间越长，推送越多。麻省理工学院技术评论每年要评十大技术突破，之前十大技术突破就有抖音算法。有了这个算法以后，只要一用软件，特别喜欢的东西都来了，以前找不到的东西也

> 全来了。抖音的公司字节跳动在美国发布了 Tik Tok 应用，美国人原来的社交网络是脸书等，结果字节跳动慢慢把脸书等的用户给抢走不少，尤其是年轻人特别喜欢 Tik Tok。这种算法也是一种技术，在科学上也是有原理的，跟谷歌算法是一样的，算法本身也代表一种突破。
>
> ——中国科学院院士　杨卫

在促进并推动颠覆性技术发展过程，技术科学的应用导向有利于实现颠覆性技术服务于社会的目标，同时在基础研究端也促进了通用理论基础的进步。

3.4.3　建设制造强国的关键在于技术科学

中国制造业有着转型升级、高质量发展的强烈需求，同时，也恰逢转型升级、高质量发展的巨大历史机遇。采取数字化、网络化、智能化并行推进、融合发展是实现制造强国目标的主要技术路线[1]。近年来，随着技术科学的不断突破，我国在制造技术中形成了数字化、网络化、智能化的独特能力。

案例：（31）核高基与信息技术科学

"核高基"是"核心电子器件、高端通用芯片及基础软件产品"的简称，是 2006 年国务院发布的《国家中长期科学和技术发展规划纲要（2006—2020 年）》中与载人航天、探月工程并列的 16 个重大科技专项之一。信息产业已经与新材料、新能源共同成为支撑世界经济发展的三大重点之一，也是支撑国民经济可持续发展和保障国家战略安全的核心资源。而处于信息产业发展核心的"两件一芯"目前已经渗透到了各个产业领域，其自身的发展关乎着新一代信息技术、高端装备制造、新能源汽车、生物等战略性新兴产业的发展[2]。在国家重大专项的支持下，目前，我国在高端通用芯片、基础软件和核心电子器件领域的技术研发与创新环境得到

---

[1] 制造业高质量发展取向：智能制造与数字工业. 中国工业和信息化，2022，（09）：32-33.
[2] 张厚明. 我国"核高基"产业陷入发展困境的成因与对策研究. 科学管理研究，2015，33（02）：24-27.

大幅优化，拥有一支国际化的、高层次的人才队伍，形成较完善的自主创新体系，为基础研究的产业化奠定了科学基础。以芯片的生产制造为例，长期以来，我国集成电路行业从制造工艺到装备，再到材料，都严重依赖进口。以硅片为例，作为集成电路制造的衬底材料，其攸关我国集成电路产业的发展水平，也是中国能否成为"制造强国"的关键痛点之一。王曦院士长期致力于载能离子束与固体相互作用物理现象研究，并将其应用于高端集成电路衬底材料 SOI（Silicon-on-insulator）的开发。2013 年 6 月，王曦院士和中芯国际集成电路制造有限公司（中芯国际）创始人张汝京博士共同建言，在上海启动 12 英寸大硅片的研发。随后，基于这一核心技术创建了我国唯一的 SOI 材料研发和生产基地——上海新傲科技股份有限公司，成功将科技创新转化为现实生产力，推动了我国微电子材料的跨越式发展[①]。

> 之前的几十年硅基技术都按照工程化的方法严格预测发展，现在发展到尽头就需要新的东西去替代，保证能够持续下去。这种东西从哪来？这就需要介于科学和技术之间的技术科学。科学不是做大工程，但大工程又基于已知结论来做，中间就涉及利用新材料实现新结合，突破原有的框架，达到新的高度，我觉得技术科学应该做这个事情。事先不知道答案，去尝试可能会知道答案，中间的东西确实相对有些含糊，还需要国家花大力气来做。总书记说得特别好，技术科学会产生战略储备相关的东西，战略储备并不都是已完成的、工程化的，而是某种可以组织力量进行攻关的可能性，能够按照工程化方式向后推进的技术，但这和商业上的技术不太一样，所以中间还要继续做创新。
>
> ——中国科学院院士　彭练矛

案例：（32）机器人技术的发展

以工业机器人应用来实现先进制造业跨越发展已成为全球共识。当前中国正在大规模推进工业机器人在制造业中的应用。2013 年以来中国工业机器人安装台数已持续多年位居全球第一，2018 年新增安装和存量分别占

---

① 前瞻布局，推动产业跨越式发展. 华东科技，2018，（04）：31-32.

全球的 35.61% 和 25.35%[①]。然而，随着中国制造业向智能制造转型升级的需求不断增长，未来机器人需要实现机器人与环境、机器人与人，以及机器人和机器人之间的共融，这导致其面临传感技术、数字制造技术上的障碍[②]。以传感技术为例，工业机器人是集机械、电子、控制、计算机、传感器和人工智能等多学科先进技术于一体的现代制造业的自动化装备[③]。传感器是工业机器人向智能化发展的重要硬件，也是构建智能感知系统的重要元件，随着应用场景对工业机器人性能需求的改变，智能化、微型化、多功能化、低功耗、低成本、高灵敏度、高可靠性成为新型传感器件发展趋势，这意味着需要从新型传感材料与器件方向入手开发新型传感器和传感器技术，从新理论、新材料、新工艺等方面攻克。包括支持微型化及可靠性设计、精密制造、集成开发工具、嵌入式算法等关键技术研发，推动压电材料、磁性材料、红外辐射材料、金属氧化物等材料技术革新，支持基于微机电系统（MEMS）和互补金属氧化物半导体（CMOS）集成等工艺的新型智能传感器研发[④]。只有解决功能原理上的问题，机器人技术才会克服这些障碍，真正实现发展。技术科学恰恰实现了机器人技术理论层与应用层的互动，通过围绕"人—机—环境"共融的智能机器人科学理论开展研究，以发现共性原理。

> 我们国家搞机器人，最大问题是重载就趴、高速就抖动，动力学没搞好。高端装备是高速、高精、重载、高可靠，高速运转时没有动力学怎么行？没有可靠性也不行。所有国产机器人跟国外比，轻载我们做得都很好，但到 400~500kg 甚至更高时，基本上被"四大家族"统治。尤其高端装备更需要技术科学、工程学，更需要科学支撑。现阶段我觉得国家装备上不去、高端上不来，最核心的是没加强数学、力学等基础科

---

① 邓仲良, 屈小博. 工业机器人发展与制造业转型升级——基于中国工业机器人使用的调查. 改革, 2021, (08): 25-37.
② 丁汉. 共融机器人的基础理论和关键技术. 机器人产业, 2016, (06): 12-17.
③ 徐平. 智能传感技术是实现智能制造的关键. 智能制造, 2022, (02): 120-124.
④ 工信部人工智能行动计划解读：智能网联汽车等 17 领域是重点. 电子元器件与信息技术, 2017, 1 (06): 32-39.

> 学，这些一定要加强，要以基础科学做底蕴。我在德国待过几年，德国动力学思想融化在血脉中，不像国内搞力学的动力学停留在算法上面。我们国家为什么高端装备上不去，为什么高速、高精上不去，就是因为动力学没有融化在血液中。作为控制工程师，应该把动力学融化在血液中。德国工程师的知识基础扎实、技能储备很多，动力学功力比我们好。我们是搞动力学就单纯搞动力学，搞控制就只搞控制，搞机械就搞结构设计，边界太清楚。我觉得团队里要有不同知识背景的成员交叉在一起，才能做成国际上最好的设备。我们大多数分工太明确，互相不支撑，结果就是停留到纸面上，这方面的问题较突出。
>
> ——中国科学院院士　丁汉

案例：（33）智能电网建设

随着社会的快速发展与进步，传统电网越来越不能满足人们的日益增长的需求。因此，亟须一个能够集能源资源开发、输送技术，传统电网已有的发电、输电、配电、售电功能，以及对终端用户各种电气设备和其他用能设施连接共享信息的数字化网络为一体的智能系统，这种智能系统在提高能源利用效率的同时还兼顾环境保护，在这样的需求下，智能电网应运而生[①]。相对于美国、日本等发达国家，中国智能电网技术起步较晚，从2007年10月，华东电网公司启动了智能电网可行性研究项目，到2009年5月国家电网对外公布"坚强智能电网"计划，智能电网才逐步成为中国电网发展的一个新方向。目前，中国智能电网已初具规模，首批55个"互联网+"智慧能源（能源互联网）示范项目大部分已验收通过或正在验收。由于智能电网是以特高压电网为骨干网架、各级电网协调发展的坚强电网为基础，利用先进的通信、信息和控制技术，实现信息化、自动化、数字化、互动化[②]。在保障智能电网发电、输电、变电、配电、用电等环节流畅运行，以及实现各个环节之间能量流与信息流顺畅交流方面发挥重要作用

---

① 张瑶，王傲寒，张宏. 中国智能电网发展综述. 电力系统保护与控制, 2021, 49（05）: 180-187.
② 李兴源，魏巍，王渝红，等. 坚强智能电网发展技术的研究. 电力系统保护与控制, 2009, 37（17）: 1-7.

的关键技术,包括输配电系统技术、高级通信技术、分布式能源管理技术和高级计量体系等,这些技术的突破是建设智能电网的"底座",而实现这些突破需要有较强的技术科学攻坚实力。以保障智能电网系统稳定为例,为保证电网的安全稳定运行,需要进一步提高电网的可观测性和可控性,如基于广域测量系统对电网的运行状态进行监测,通过柔性交流输电技术、高压直流技术等对输电线路进行控制[①]。在电力系统稳定性判断上,已有大量研究通过建立稳定性分析的机器学习模型,并使用训练数据集对于模型的参数进行优化[②],这一过程需要最基础的数学、系统论、控制论等科学理论来实现。"双碳"背景下,国家发展智能电网的特大需求给予了相关技术自主创新的强大内在动力,同时,倒逼相关共性技术原理的突破,各类技术的发展再反哺智能电网建设。

> 我们电力系统电压等级由低到高,国际上最早的电压等级是13.8kV,19世纪末在德国第一条输电线路诞生,那个年代是最高电压等级输送,现在已经1000kV到±1100kV。目前来讲,电力系统具有世界或者地球上人造系统最大的覆盖规模,现在基本上实现户户通电。前几年也基本实现了边远地区的通电,这样庞大的人造物理系统,其节点数,包括设备数、线路数等,表征规模的量级是很大的。大系统有它的特点,因为电能是电磁波,它是光速传播,发、输、配、用,瞬间就完成了。系统越大、控制难度越大,这时控制论、非线性这些基础理论在系统中起到很重要的作用,也是技术科学对电力系统的支撑和助力。如果没有先进的控制理论和手段,系统就很难运行。假如连感知都不知道,怎么来控制它,实现既能满足电能发输配用的业务流程,同时又能安全稳定地运行?
>
> 大系统组成以后,要解决系统的同步安全稳定。因为电力系统跟别的系统不一样,电力系统规模大,又复杂,覆盖区域很多,然后是同步

[①] 鞠平,周孝信,陈维江等."智能电网+"研究综述.电力自动化设备,2018,38(05):2-11.
[②] 张宁,马国明,关永刚,胡军,陆超,文劲宇,程时杰,陈维江,何金良.全景信息感知及智慧电网.中国电机工程学报,2021,41(04):1274-1283,1535.

> 机制，发、输、配、用瞬间完成。一个波长 6000km，从新疆到安徽有 3000 多千米一眨眼就到了。这种过程怎么控制好，就是大系统分析控制理论，要把最基础的数学应用进来，所以电力系统中用到很多数学的东西。当然对于设备，物理、化学的东西也用得很多。电力系统发展的三阶段，一百多年的历史进程当中，随着国家对电能消费、生产、传输的重大需求不断升级，技术科学起到很大的推动促进和支撑作用。
>
> 虽然一百多年来基础理论没有变化并且足够用，但技术科学的科学问题还很多。比如说，机理性、机制性、规律性的东西是大量的，因为场景太复杂。另外，还要不断提升性能，提高效率。电力工业跟航天不一样，航天可以不计成本，电力成本大了那怎么行，电费太高肯定不行，所以还有个约束条件就是要高性能、低成本、高可靠，懂得解决技术科学的问题显得尤为重要，就是优化、精细化分析，以及采用新材料。
>
> ——中国科学院院士　陈维江

案例：（34）高铁的跨越式发展

高铁已经成为中国高端装备的一张靓丽名片。为了实现中国装备、中国速度和中国创造的新台阶，新一代高铁正围绕"更高速、更智能、更绿色"目标攻关研究。目前，京张高铁和京雄高铁已实现智能驾驶。2021 年 7 月 1 日前，中国在京沪、京广、京哈和成渝等线再次集中投运了一批"复兴号"智能动车组。但在建设智能高铁时，也面临一系列技术难题。首先，当高铁速度超过 600km/h，阻力和噪声两大难题使轮轨技术的应用受限，必须采用超高速磁悬浮技术（真空管道+磁悬浮技术）。但高速或超高速磁悬浮交通运输系统距离工程化和商业运营还有很多技术性和经济性难题亟待破解，无论是常导电磁悬浮，还是低温超导电动磁悬浮、高温超导磁悬浮，都需要基于高速磁悬浮发展的理论体系、技术方法展开研究[1]。基于当前发展高速及超高速真空管道磁悬浮轨道交通的现实技术需求，亟待解决牵引制动控制、动力和热力学、管道密封性能与抽真空效率、无线通信、车内环境控制等关键科学问题，这些科学原理的突破是实现更高速列

---

[1] 熊嘉阳，沈志云. 中国高铁永葆工程领跑. 西南交通大学学报，2023，58（4）：1-10.

车建设的关键基础①。其次，未来的智能高铁蓝图是一个基于智能数据分析的信息空间和物理空间高度融合的复杂系统。物理高铁网是由动车组、线路、桥梁、通信、供电等多个可见的物理实体构成的真实世界；信息高铁网是由物理实体对应的精确数字模型、基于数据的知识发现体系、自感知自认知自决策的能力输出体系组成的不可见的数字世界；两者之间通过通信技术、控制技术、计算技术等形成一个相互迭代的闭环系统②。智能高铁的未来发展需要云计算、物联网、大数据、北斗定位、5G通信、人工智能等先进技术进一步突破，实现高铁智能建造、智能装备、智能运营技术水平全面提升③。最后，绿色高铁要求实现节能环保。这需要持续深化研究轮轨关系和空气动力学，降低轮轨噪声和空气阻力；研究新型轨下基础，降低振动等，必须在一系列基础科学原理上有所突破④。

> 像"复兴号"提速，车的动力性能得到了优化。不光车好，线路也要满足400km/h的要求，我们术语叫轨道的平顺性。不平顺是指几何不平顺，也就是线路它看起来是直的，但一测量，就发现各种波形。速度越高，不平顺在轮轨作用中引起的动态效应就越大，在高的时候简直是让你觉得是无法接受的。轨道表面只要增加毫米甚至是亚毫米级的不平顺，就可能导致你开不下去，因为那是每小时350~400km的速度。轮轨动态作用，车和轨道结构必须一体化，耦合起来，考虑它的整体动力性能最佳。我提出了一个叫"车辆与线路动力性能最佳匹配设计"的原理与方法，基于车辆轨道和动力学理论，可以在计算机仿真环境下把设计的车在运营线路上的行为表现模拟出来。这个模拟是有依据的，因为以前的350km甚至是更高的时速时，我们做联调联试的时候，时速也跑到380km或390km的，已经验证了这一理论和模型，所以证明它是可以来预测更高速度的。因此，对成渝中线的每小时400km的标准，车轨的曲线一般来讲其半径不能低于7500m。如果有条件的话，曲线半径应设

---

① 熊嘉阳，邓自刚. 高速磁悬浮轨道交通研究进展. 交通运输工程学报，2021，21（01）：177-198.
② 王同军. 中国智能高铁发展战略研究. 中国铁路，2019，(01)：9-14.
③ 杜壮，陆东福：全力推进智能高铁重大科技攻关. 中国战略新兴产业，2018，(13)：70.
④ 卢春房. 中国高铁技术发展展望：更快、智能、绿色. 科技导报，2018，36（06）：1.

在 9000m 以上。如果你弄 6000m、5000m 的曲率半径，你别想跑每小时 400km 的速度。通不过的，可能要翻车，也可能出现很不平稳的情况。在曲线处的外轨超高应为多少？不同的速度，全是靠理论一分析就出来了，很准。所以这些标准都有了，这就是综合优化设计。我们具备这样的能力，中国在这个方面比国外领先了，这车轨耦合动力学是我们国家，也就是我们这边提出来，通过二三十年建立起来的，现在得到公认。原来我们叫车辆动力学、轨道动力学，现在就有一个车辆轨道耦合动力学。车辆动力学解决常规问题没问题，但是你要精细化地来优化来选取这些参数的时候，你光靠车那是不行的。所以对后面支撑更高速度高铁的发展，我们有底气、有办法、有支撑的工具。国外现在很多也是按照这个路子走，谁都知道应该一体化综合。只不过二三十年前，都是每个子系统理论还没研究好，还有那个时候计算机的能力条件也不够，仿真不了。现在我们有条件了。这个是典型的国家需求、工程需求，推动了我们的技术创新，甚至推动了学科的发展。如果我们时速就 80km、100km，我不需要精细化的理论分析，差不多就可以了。再回到 400km/h 的场景，如果外轨超高几毫米，各曲线或者是过渡段，曲线和直线之间还要有一个用缓和曲线来过渡，不能直接连一个圆，一连到那儿就一跳，它还要有一个像螺旋的抛物线。各种缓和曲线把它平滑地连接，导数是平滑的才行。滑行曲线肯定是越长越好，但长了以后建设起来比较麻烦，最短应该是多少？这些都是靠这个理论来进行校核。

上海磁浮可跑到 430km/h，但有一个地方就设计得不够舒适，就是圆曲线和缓和曲线之间连接设计得不够好，但是肉眼是看不出来的。标准的二阶导数是不是光滑？是不是有突变？如果求导数是这样，运营起来动力学就一定是突变，会有一个晃动。平面曲线和纵波纵断面曲线设计不好也会产生类似结果。我们的很多应用都针对京沪高铁这样的平纵断面，如果刚才这种点很多的话，你到很多地方就会很颠簸。广深港高铁在四个方案选一个方案，中选的也是我们的方案。福厦高铁是客货混运的。这个线路在跑高铁的同时，还要跑货车，跑高铁的时候希望外轨高一些，就像赛车转弯一样，但是跑货车速度低，只有 80～90km/h，你要这么高，车都倾覆了，所以这个时候要两者兼顾。靠上述的分析方法，十几年前我们都已经给他们设计好了，而且运营情况也都很好，这些全靠科学技术来支撑，一点都来不得虚假。

——中国科学院院士　翟婉明

　　改革开放四十年以来，不仅带给中国前所未有的发展机遇，也让中国高铁创下了诸多奇迹。从"绿皮车"到"复兴号"，从40km/h～350km/h，从0～40 000km高铁里程，中国高铁横跨东南西北中，"八纵八横"高铁网建设正在全面展开。中国已经成为全球高铁里程最长、运输密度最大、覆盖范围最广的国家。

　　然而，我国不同地区的环境条件差异大，造成不同区域的高铁建设面临不同的挑战。在东北寒区，高铁建设面临冻融、冻胀问题；西北地区存在风沙、地震和黄土问题；青藏高原不仅存在冻土问题，而且板块构造活动强烈；东部沿海地区软土问题突出等。因此，新一代高铁建设将面临诸多问题与挑战，仍需要有力的技术科学的支撑。

　　在未来，新一代高铁的技术科学将围绕快速、智能、绿色三大方面发展。我国大量高铁的运行时速仍未达到350km的时速，而且最佳运营速度仍未有相应的专业标准。根据研究试验结果，增速必将引起能耗、噪声和安全等问题，而降速又影响高铁的运输效率。新一代高铁的技术科学必然要聚焦在节能降噪和标准制订领域。

　　在智能高铁方面，新一代高铁将充分利用大数据、云计算、北斗定位、人工智能等先进技术科学，全面提升高铁的智能装备、智能建造、智能运营技术水平。依靠技术科学构建高铁全寿命周期监测预警系统，提升高铁智能监测和智能分析水平，全面保障高铁安全。

　　新一代高铁要符合绿色环保理念。主要技术科学在植被覆盖和恢复技术，铁路取弃土/石场的植被快速恢复技术，将高铁建成绿色长廊；研究临时用地高质量复垦技术，避免土地荒芜；研究高寒湿地区低环境影响建造技术，在工程安全可靠的基础上确保区域水系畅通。

　　相信随着技术科学的不断支撑，新一代高铁将向更高速度、更加

> 安全、更加环保、更加节能、更加智能化不断发展，助力我国经济不断发展。
>
> ——中国科学院院士　赖远明

针对中国制造业在新一轮工业革命下面临的挑战和机遇，必须充分认识技术科学对于"制造强国"战略目标实现的巨大价值。面对中国制造业面临的一系列"卡脖子"难题，只有立足于技术科学自身的发展，才能实现基础原理的突破，从而推动跨越式追赶进程。

3.4.4　建设材料强国的根基在于技术科学

案例：（35）材料设计、制备、表征的根基

材料产业是国民经济建设、社会进步和国防安全的物质基础。我国已进入工业化中后期，材料的重要作用愈发凸显，其对于实现制造业强国建设具有战略意义[1]。近年来，我国材料研发和生产取得了巨大的成绩，包括具备全球最大的材料生产规模、百余种重要材料产量连续多年世界第一、材料产业产值约占我国GDP的23%，已成为我国重要的支柱产业等[2]。然而，"材料强国"之路任重道远，材料产业大而不强的问题仍然存在，尤其是在新材料方面，仍面临着一些关键材料技术"卡脖子"的困境。与此同时，由于市场和产业发展需求牵引的特征明显，面对快速发展的科学技术，材料的技术演进方向和产业发展趋势变化迅速[3]。

技术科学在材料强国建设过程中充分发挥了其"承上（承接产业需求）启下（反哺基础科学）"的枢纽作用，既推动了材料产业的整体发展，也促进了材料设计、表征、制备等细分领域基础科学的进步，从而实现由跟踪到原始创新，攻克"卡脖子"问题，可称之为"材料强国"建设的根基。

---

[1] 谢曼，干勇，王慧. 面向2035的新材料强国战略研究. 中国工程科学，2020，22（05）：1-9.
[2] 李香钻. "制造强国必须是材料强国"——访全国政协常委、中国工程院士李卫. 中国政协，2019，（12）：28-29.
[3] 肖劲松. 打造材料强国，引领未来产业发展. 新经济导刊，2021，（03）：22-25.

材料设计、制备与表征是相辅相成的过程，通常遵循设计、制备、表征这个顺序。但随着场景的不断拓展，如今需要从现实需求出发考虑材料设计、制备与表征。据资料统计，2017年中国新材料年产值2.6万亿，材料设计领域估值千亿以上，在轻质高强合金设计、生物医学材料、微电子与半导体材料、高分子材料设计与研制方面，还存在着广阔的开发前景[①]。为了满足这个巨大的市场需求，需要解构重大需求背后的技术和科学问题。对材料的需求多种多样，主要取决于现实场景，如航空航天领域需要耐高温材料，由现实需求出发倒推材料结构、组成等，实际上也是分析其中所需要的技术辅助和所涉及的科学原理的过程。技术科学在这个解构过程中充当了沟通的"桥梁"，一方面，通过解构需求完善材料设计方案、创造新材料、满足新需求；另一方面，需要不断升级材料设计的工具。目前形成了以人工智能、机器学习等技术驱动的材料设计过程，彰显了技术进步对科学发展的推动作用。如在聚合物科学中，由于材料本身的复杂特性，需要跨越广泛的空间和时间尺度，以及系统地连接多个层次，来对特定的系统进行研究。这种跨越多尺度的结构—性能特征的演变增加了聚合物领域对新方法的总体需求，与之相对应的，先进的智能研究方法可以更合理地进行聚合物设计，有望成功探索聚合物领域广阔的成分—结构—性能—工艺空间[②]。此外，材料设计的原始创新对于实现技术引领具有重要意义。一个优良的材料设计方案需要经过工业规模部署的考验之后，才称得上具有实用价值，其所面临的第一个现实挑战就是材料制备过程。制备过程对制备装置、制备技术、检测技术、材料纯度等要求严格，以制备装置为例，尽管我们掌握了一些关键材料的设计方案，但是由于制备装置的精密度不够，并不能在保障质量的情况下实现宏量生产。这一点从我国在半导体产业的分工布局上就能观察，我国在全球半导体产业链条上主要占据上游的材料设计和下游的封测环节，在核心的高精度加工技术、装置设计技术等方面落后于美、日、韩等发达国家和地区。可见，依托于现代科技

---

① 杜浩钧.中国科学技术大学博士李鑫：夯实材料大数据库，以新材料定制推动材料强国.中国高新科技，2020，(09)：14-15.

② 周天航，蓝兴英，徐春明.人工智能加速聚合物设计的最新进展和未来前景.化工学报，2023，74 (1)：1-28.

发展，迭代升级一些新型制备装置、制备技术等对于"材料强国"的建设具有重要支撑作用，这些制备装置、制备技术的迭代升级过程同时也是技术科学提炼技术问题、推动技术创造的过程，这种双向交互共同促进了材料产业的发展。此外，得益于人工智能、大数据等技术发展，在材料制备过程中，大量试错调整的过程可以通过数字模拟，提高了材料制备的效率。材料表征与测试技术是科学鉴别材料性能、分析其多样化结构、评估其应用安全的根本途径。材料表征环节重点在于监测性能的传承性，表征内容包括化学组成、物理结构和材料性能等各类分析测试，尤其是材料组织结构，对性能具有决定性影响。材料表征与测试技术的提升有利于提高表征的精确度，从而推动关键材料生产。但随着应用场景的不断拓展，与材料制备技术相同，材料表征与测试技术也有待进一步发展。以高分子材料在航空航天和军工领域的应用为例，材料的不同受力程度使得对高分子材料的力学性能要求各不相同，并且随着高性能高分子材料及其复合材料的性能提升，常常出现现有的测试技术无法完整描述其性能的情况，因此有必要开展适用于高性能新材料的力学性能表征测试技术研究[①]。

> 以我的研究领域——纤维材料为例，纤维材料设计、制备与表征之间是完全相辅的，并且不可分割的。先设计再制备再表征，还是先有应用，然后针对一个应用的需求场景再开始设计、制备、表征，我是会根据具体情况而判断研究顺序的。对理论的功能细分是必要的，比如，有人专门做材料设计，有人专门做材料表征，有人专门做材料制备，每个人不可能做全，但是作为一个系统，设计的人，要知道制备是怎么回事，也要知道如何表征，整个系统需要大家一起交流。
>
> 传统上材料分为金属材料、无机高分子等，后面又分结构材料、工程材料，然后再细化，包括前沿材料等，材料的类别特别多，但万变不离其宗。如今，以材料设计为例，设计的思路是什么？不仅仅是原理上的设计，我觉得根基还是需求导向。需求可以知道它用到哪里，有了设

---

① 李琴梅, 魏晓晓, 郭霞, 胡光辉, 史迎杰, 高峡. 高性能与功能化高分子材料的表征技术及其特点. 分析仪器, 2020, (04): 1-9.

计和设计的基本元素，材料设计还有尺寸设计、结构设计、用途设计等。我觉得技术和科学之间不可分割。当然我觉得设计要有实际的思想、思路、方法，所以会不断发展。实际上思路可能也是相通的，比如光靠手工设计，还是自动化设计，还是用人工智能、大数据辅助，你有很多数据的收集方法。随着时代的变迁，随着科技的进步，设计也会更加科学、更加简洁。

原来的制备过程比较简单，如手工制备，并且是小规模的、不连续的，现在变成大规模。实际的材料制备过程中，会有时间跨度和空间跨度，既可以做非常小，也可以做非常大。并且，材料的制备当中会涉及很多新的材料，材料本身的发展、装备发展也会促进材料制备过程，一系列的根基主要是由科技发展带来的。

材料为了变成有用的东西需要通过表征验证。我是做纤维的，我一定要知道后台的运作流程，把这个流程搞清楚。需要搞清楚是原位表征还是其他方面的表征，如应用过程当中表征。过去条件比较差的时候，就是先做，做出来以后再测。后来发现加工过程中，结构决定性能，制造也决定性能，如果不设计每一步都无法通过，所以我认为这是一个整体、一个闭环。此外，纤维纺织过去都是离线的表征方法，整个进程特别慢。等材料做出以后，会发现原始材料的表征结果和器件的表征结果不一致。有很多材料的性能变化了，出生时具备很好的性能，但是没能很好地传承，导致长大以后没有了。开始很好的性能，但是变成大构件后性能没有了，或者是劣化了。我们提出在设计过程当中，包括制造过程当中，要便于把性能放大，并把它传递下来，后面的制作设计很关键。所以，我觉得三者既是独立又是不可分割的。

——中国科学院院士　朱美芳

材料设计就是所谓的原始创新。我们先要跟跑，把人家能做的我们也能做，他们能做好的我们也能做好，这是跟跑、并跑。并跑了以后就要领跑，我们要发展一些新材料，具有原创性质的，变成我们"卡"别人。当年中国科学院技术科学部的蒋民华先生和陈创天先生做的单晶，是我们国家特有的红丹青，叫激光单晶，这些都是美国人在买我们的。他们也知道成分，但就做不出来，就只有我们能做出来。这就是我们中国人自己设计的。所以当年这些先生们在国际上影响力非常大，其实我们要设计、发展出一些这样的材料来也行。

在材料制备和表征方面，技术的作用更明显。因为在设计上，现在我们有了一些新的设计范式，那么更重要的是能不能把它做出来？能不能把它表征出来？所以发展一些新的表征手段、一些新的制造、制备或者说加工的手段至关重要。因此老说一代材料，一代装备，一代产业。一代装备这块儿更重要，没有一代装备的话就谈不上新材料了。我觉得新材料跟新的技术应该是捆绑在一起的。新的装备和新的测试手段也很重要。中国现在是一个材料大国，但是距离材料强国还有很大的差距。中国为什么研究材料的人这么多，还在材料上受"卡脖子"最多，就是因为我们技术上不行。同样的材料，我们首先是做不出，其次是做不好，不能够保证质量。我们没有这样的制备技术，比如高纯度提炼、精密加工、均匀识别等。我们可以做一个样品，但宏量制备就不行，这里边就既有仪器本身的问题也含有技术问题。例如航空发动机的叶片，可能我们也知道它的材料，知道它的构成，但是我们可能加工出来的质量和精度就是不够，人家能够运转 1 万小时，我们只能 1000 小时。当然这里边还有材料的纯度问题、均一性问题，还有大量发展一些新的技术问题，这些技术包括制备技术、检测技术等。技术的瓶颈导致我们制备不出来，也检测不好我们的材料。

人工智能、大数据等技术对材料产业的发展而言意义非常大。因为材料科学的发展实际上是大量数据的积累过程，也就是试错法。大部分都是不断调整以达到最佳，就是试错。实际上就是在现有的材料基础上，我们用人工智能的方法加上大数据，去把它排列组合，现在在材料设计以及材料的创造方面已经开始崭露头角，特别是在有机合成的材料方面，包括药物材料、制药，它不是实际的试错，而是通过仿真和数据来试错。通过改变物质结构改变性能，大量地去计算模拟，极大地提高了研发效率。所以在现在有机合成，特别是制药方面，发展得非常快。

> 在一些传统的包括无机非技术材料方面,也在慢慢地走这样的路线。但是相对于前者还是慢了一些,因为前者需求很大,制药成本很高,有机合成、提纯萃取的周期非常长,所以靠人工智能和大数据的模拟效率会大大提高。
>
> ——中国科学院院士 邹志刚

纵观当前中国材料产业的发展历程,要实现材料产业"从大到强"的快速转变,材料设计、材料制备与材料表征等方面尚存在一定挑战,当前需要迫切发挥技术科学在"材料强国"建设过程中的根基作用,在满足多样化需求的同时实现设计方案的原始创新,以及制备技术、表征与测试技术的更新升级。

3.4.5 成为"基建狂魔"的底气在于技术科学

基础设施是经济社会发展的重要支撑,具有战略性、基础性、先导性作用。"十四五"规划纲要明确提出:"统筹推进传统基础设施和新型基础设施建设,打造系统完备、高效实用、智能绿色、安全可靠的现代化基础设施体系"。当前我国包括交通、能源、水利在内的传统基础设施和深度应用互联网、大数据、人工智能等技术,支撑传统基础设施转型升级,进而形成的融合基础设施都在如火如荼地建设。

中国建设者的足迹已经伴随着中国的发展遍布各个领域。中国交通网络四通八达,在建和在役公路桥梁、隧道总规模世界第一。北京大兴国际机场在不到五年的时间内完成预定建设任务,正式投入运营,更是诠释了中国基建实力的新高度[①]。除交通领域外,"南水北调工程"对中国北方供水格局的改变,全球规模最大、技术最先进的5G独立组网网络的建成[②],直径500m的中国天眼的出现,海上全长55km的港珠澳大桥的架起等,都不断诠释着中国基础设施建设水平的新高度。并且,随着国力不断提升,

---

① 中华人民共和国国务院新闻办公室. 中国交通的可持续发展白皮书.(2020-12-22). http://www.scio.gov.cn/zfbps/32832/Document/1695297/1695297.htm.

② 光明网. 我国建成规模最大技术最先进的5G独立组网网络.(2021-11-28). https://m.gmw.cn/baijia/2021-11/28/1302698063.html.

"基建狂魔"在世界上也有了越来越大的影响力。苏丹的麦洛维大坝、阿尔及利亚东西高速公路、美国的亚历山大—汉密尔顿大桥修复工程、中美洲的尼加拉瓜运河等，都是中国接手的超级工程。中国的基础设施建设因速度、强度、能力也在不断刷新着世界纪录，中国已成为名副其实、举世瞩目的"基建狂魔"。

案例：（36）高坝工程

面对建设和发展的现实需求，技术科学帮助科研人员在基础设施建设过程中集中解决了许多科学问题、实现了一系列理论突破、攻关了一批关键技术。以高坝领域为例，目前世界水能资源开发的重点在亚洲，我国的水能开发又高居亚洲诸国的首位[1]。水电资源的开发不可避免地要兴建巨型水电站工程。截至 2020 年底，中国共建有水库大坝 9.85 万余座[2]，居世界第一，其中高坝的占比也非常可观[3]。高坝工程往往具有坝高库大、泄洪流量大、多数坝址处于强震区地震强度高、地质条件复杂地基处理难度大、地下厂房装机容量大等特点[4]。尤其是在中国西部规划和建设中的高坝中，技术难点很多[5]。例如三峡、小湾、溪洛渡、向家坝、白鹤滩、锦屏、双江口等一批战略性工程，其规模巨大，工程与社会条件都十分复杂，技术难度很高。这些工程均代表了世界先进的筑坝技术和水平[6]。技术科学在高坝建设领域的作用体现在：一方面，来自高坝建设工程实践的现实需求，大大促进了该领域的技术科学理论探究与演进；另一方面，我国大坝建设的领先地位，丝毫离不开在技术科学方面的积累和突破。技术科学不仅能帮助解决高坝领域工程技术实践中出现的一般性技术问题，还能走在工程技术前面，以新的理论研究成果为工程技术发展指引新方向，催生新工业，

---

[1] 孙双科. 我国高坝泄洪消能研究的最新进展. 中国水利水电科学研究院学报，2009，7（02）：249-255.
[2] 中华人民共和国水利部.2020 年全国水利发展统计公报. 北京：中国水利水电出版社，2021.
[3] 李伟，王秘学，刘小飞. 中国水库大坝水下工程技术现状与进展. 水利水电快报，2022，43（07）：82-88.
[4] 张楚汉. 高坝——水电站工程建设中的关键科学技术问题. 贵州水力发电，2005，（02）：1-4，8.
[5] 彭程，钱钢粮.21 世纪中国水电发展前景展望. 水力发电，2006，（02）：6-10，16.
[6] 谭靖夷. 我国坝工技术的发展. 水力发电，2004，30（12）：71-74.

极大地推动生产力的发展。

> 我国能够有效解决大坝建设过程中的诸多问题，从而成就一批世界领先的高坝，这离不开力学、材料学、水文学、地质学等基础研究的支撑。但是基础科学无法直接支撑工程技术的建设，因此技术科学的桥梁和连接作用，就显得尤为重要。
>
> 就大坝建设过程中的高边坡处理问题而言，它直接关系到大坝安全和经济效益。我国曾经发生过多起滑坡问题造成的事故，如漫湾、龙羊峡等。然而近年来，通过采用技术科学的手段，做了大量的科研工作，全面研究地质条件，分析多种变形和破坏机理包括"变温相似材料"模拟。同时，结合工程经验对理论进行分析推广，最终采用减载、预应力锚索、抗滑桩等方式，成功抑制了巨大规模的滑坡，处理规模国内罕见。毫无疑问，这样的关键性技术突破，仅仅依靠科研，做仿真实验和分析理论模型是达不到的；反之，仅靠工程经验也是无法达到的。为了改进生产方法，提高生产力，我们需要理论研究、技术科学和工程技术三个部门齐头并进，相互影响、相互提携，决不能有一门偏废。工程实践中的问题引出科学理论的发展，而技术科学的发展则为迅速发展的理论研究和工程实践牵线搭桥，从而改进生产方法，提高生产效率。
>
> 又因为技术科学的研究对象是具有一般性的，它的研究成果也有广泛的应用。例如来源于力学的应用力学就是技术科学的早期成员，它虽然是建筑技术的迫切需要，但得到的流体力学和固体力学的研究结果，对其他工程技术部门也有很大帮助。例如，燃气轮机的研制成功离不开气体动力学，这些力学在航空航天等领域对将来的工程技术都是非常重要的。再比如在中国第一高楼上海中心大厦的建设过程中，遇到了超高层桩基和基坑工程关键技术，该技术的实现和相关问题的解决，除了高楼建设以外，无疑也为未来许多大坝、大桥的建设提供了理论和技术支撑。
>
> ——中国科学院院士　徐世烺

案例：（37）盾构技术的进步

"基建狂魔"的足迹已遍布多个领域。除水利工程、土木工程的建设外，我国在公路、铁路、市政道路、市政地铁等隧道交通工程方面的迅速发展也是有目共睹的。基础设施建设离不开工程机械装备。我国工程机械行业在市场机制作用下，不断提升制造技术、工艺和装备水平，有效支撑了科技强国建设。目前我国已形成22大类工程机械产品，是产品类别和品种最齐全的国家之一。包括盾构机在内的一批重大装备成功研制并实现应用[1]，这也是国家生产力水平的重要体现。现代盾构机集机械、电压、液压、信息、材料、控制等多种技术于一体，是隧道施工所必备的现代化大型复杂工程装备。近年来，中国盾构机制造产业和盾构隧道建造水平发展迅速。根据2019年相关报道，国产隧道掘进设备在中国市场的占有率达到90%以上，并在全球市场上占据2/3以上的份额。由于中国基础设施建设的发展需求，在机械化、信息化、智能化的基础上，我国盾构机呈现出微型和超大型化、高适应性、盾构机再制造的发展趋势[2]。二十多年前，中国还无法自产提高隧道开挖效率的盾构机，只能高价进口，处处受技术制约。恰恰是技术科学的问题解决思路和理论突破，帮助科研工作者掌握自主设计制造盾构机的能力，改变了我国盾构机长期依赖国外的局面，实现了中国在盾构机领域的"跟跑"到"并跑"，还将争取引领发展。

技术科学研究工作中问题的提出往往遵循从工程到技术到科学的顺序，即问题从现实中来、从工程中来；而问题的具体解决是从科学到技术到工程的过程，需要从基础理论和科学原理入手，且成果伴随着基础理论的突破。因此技术科学工作者对于科学原理的掌握和灵活运用非常重要。如解决关系生命安全的盾构机掘进过程中地面塌陷的问题时，便需要从原理入手进行分析，从根本上解决问题。

技术科学应该是推动生产力发展的一个原动力，应该是可以从技术

---

[1] 科技日报. 大力发展高端装备制造业 | 工程机械产品类别和品种位最齐全国家之列. (2022-09-06). http://m.stdaily.com/index/kejixinwen/202209/9fb8fb0fa4e34a7ea745f0166639f3b9.shtml.

[2] 《中国公路学报》编辑部. 中国交通隧道工程学术研究综述·2022. 中国公路学报，2022, 35(04): 1-40.

科学来把握下一代技术应该在哪。技术科学要创新，设计新一代的盾构机，开创新型号、新类别的盾构机，这是技术科学的内容。而工程技术更偏向应用，要解决工程的问题是靠技术。创新设计出来以后，制造是工程技术。解决技术科学的问题，我们一般要先明确工程挑战是什么？然后技术挑战是什么？然后科学挑战在哪？然后顺序再倒过来，科学问题解决了才支撑关键技术的突破，关键技术突破后才到了产品，如机电的重大装备。然后用装备来解决工程，是这么一个技术路线。

解决盾构机掘进过程中的地面塌陷问题，需要做到土压平衡。现在地质的条件是几千万年乃至几亿年形成的，非常复杂，不同地区水和土的比例不一样，阻力就不一样，且打隧道的过程会干扰地质状况。盾构机界面上刀盘的背后有一个我们设计的土仓，这个土仓的压力要顶住外面的水土压力，要做到土压平衡，且要动态平衡。密封舱里有气体、固体、液体的三相流动，那么怎么来设计？技术科学领域的工作者应该从根本上知道问题在哪，这样采用的解决手段就不一样，而不仅仅是仿制，只能在某种地质下靠类比法去解决问题。现在的一些关键问题都是技术科学问题，就是要从根本上解决，并且技术科学工作者要真正会设计。我们有一支对技术很敏感的队伍，后来盾构机能够实现并跑，也是因为懂原理。如果科研工作者掌握了技术科学，就不是找问题，而是找解决办法，会很快。技术科学发达，实现并跑就比较容易。而不是等到工程问题出现，等到国外先进的新产品出现后，我们再跟踪仿制。

——中国工程院院士　杨华勇

盾构机的系统很复杂。盾构隧道是我们国家最早的智能建造，在地下工厂一边挖掘掘进，一边把隧道做好，泥也被挖出来了。我们盾构机只是在地壳中穿行，但是它排开的是固相、气相、液相这三相都有，其复杂性跟掘进度，还与飞行或者驾驶的介质有关系。除此之外还要有推力，一边要扭转，一边还要掌握姿态，因为不能偏航，如果偏了，隧道就不知道打到哪。因此，在掘进过程中，定位技术跟纠偏技术也很重要。当然还有管片安装，装得不好就破掉了。还有更重要的，到现在为

> 止依然存在的问题是掘进安全。在掘进过程中，前方的土体相互作用，一旦地质条件复杂，掘进参数没有跟上，有可能水或者泥整个倒灌进来，人都来不及逃。从系统上，我们开始是引进德国的装备，然后进行模仿。引进最大的好处是这个系统是人家想好的，解决了我们逻辑性、想象性差的问题，可以在这个基础上研制我们国家的盾构机。但是盾构机的直径大了之后，它的刀剖技术还有动力等，就会产生新的问题。就像桥梁一样，跨度越大、桥难度也越大。在这个方面，我们应该是有很大的创新。从直径大小所带来的技术后面的一些科学问题，中国的科学家跟工程师应该做出了重要的贡献，但是原始创新还是不够。
>
> ——中国科学院院士　陈云敏

我国隧道的建设与发展不仅依靠现代盾构设备，也离不开新一代材料和技术的突破与发展。新材料的研制和新技术的发明也是技术科学研究取得突破、实现进步的典型代表。

当前我国中西部地区交通基础设施建设正在大规模推进。特别是我国西部地区地形、地质条件极其复杂，隧道建设数量之多、技术要求之高、施工难度之大，世所罕见。隧道建设过程中与矿山岩体打交道的工作者，常常面临山体滑坡、塌方事故等危险。我国技术科学工作者研究控制岩爆、冲击地压、软岩大变形等重大地下工程灾害，破解了一道又一道难题。比如"缓变型"和"突变型"大变形灾害的理论体系的提出、多套大变形灾害机理实验系统的构建、具有负泊松比（NPR）效应的恒阻大变形锚杆（索）新材料的研制，都是技术科学层面的重要成果。这些新材料和新技术可以广泛应用于矿山支护、桥梁工程等工程实际，提升工程的抗震能力和安全性能。

案例：（38）采矿工法

110/N00 工法（无煤柱自成巷技术）是我国具有自主知识产权的原始创新技术。与传统 121 工法对比，这种方法可将煤炭采出率从约 60%提高至接近 100%，而且能大大提高开采的安全性及实现开采的生态保护。该工法已在全国 500 多个煤矿应用，经济和社会效益非常显著，也适用于非煤矿山的开采中，被称为"矿业领域的第三次技术变革"①。

> 一代材料，一代技术，引发一代工程，这实际上是技术科学推进科技生产力在工程方面的进展。我们国家隧道工程的面很广，有能源的，像煤矿；有水利，水利既是资源，也是能源，"南水北调"中线、西线、引江补汉、引汉济渭和新疆的北水南调，雅鲁藏布江下游水电开发有很多都是隧道工程；铁路的、公路的都是隧道工程。技术科学对于不同的隧道有不同的推进方式。以用得最多的能源作为例子。能源的特点是所有的隧洞、隧道要受到工程的动荷载的影响，所以非常危险。技术科学推进能源的隧道工程的进展，表现在利用了动能荷载，然后让它给我们人类干活，让它形成隧道，这样能源就不用打隧道了。过去隧道是需要人和机器来挖，而现在是利用了新材料、新技术，利用了行业的特点。所以没有材料的进展，没有新技术的进展，发展是不可能的。过去，在动荷载的作用下要平衡动荷载，要用材料和技术去平衡它，这是需要花钱的。现在反过来利用它，它也是一种力。以前隧道是用机器和人的力量把它挖出来的，现在用新材料和新技术把天然的扰动力动荷载变成我们的动力，形成的量现在已经达到50%了。
>
> 2009年，我们有了新的技术110工法，改变了英国人自1706年一直统治全世界的技术（121工法）。我们把新材料和新技术做出来以后，50%煤矿的隧道自动形成，50%还是121工法。打两个隧道，其中一个自动形成，另外一个，必须人工得打出来，就形成了一个工作面，打一个隧道，然后煤柱上就没有压力了。因为利用了压力，材料抗压的强度很高，所以就不需要煤柱去分担这个压力，没有压力一个是因为它本身吸收一部分能量，另外是利用了力量堵住一个隧道，它们功是矿压做的，力把那块岩石从顶板运下来，是矿山压力做的功，然后隧道里这个压力也传递不过去了，那么这边煤柱上就没有压力了，煤柱就可以继续采。这样就不浪费资源，可以多采15%~25%。少打了50%的隧道，多

---

① 华声在线.「第二十四届中国科协年会——院士·专家风采」何满潮院士：钻研"深度"的"赶路人"．（2022-06-19）．https://baijiahao.baidu.com/s?id=1736025006479760745&wfr=spider&for=pc.

采了 15%~20% 的煤炭，少干活多产出了。所以技术科学推动生产力发展，这是一个非常典型的案例。

——中国科学院院士　何满潮

技术科学让"基建狂魔"更强更狂。中国在高坝水电站工程、隧道工程建设的许多方面目前处于世界前沿，在近年来的科技攻关中已有若干研究领域取得了令人瞩目的进展。但需要注意的是，就高坝领域而言，在涉及的基础研究方面、现行设计分析理论模型与方法，以及现代高坝的新技术新坝型等，多是国外首先提出来的，我国无论在理论研究还是在实验研究方面，与国际先进水平仍有较大的差距，如高坝水力学与流体力学问题、高坝混凝土材料等[1]。就盾构隧道的发展而言，目前智能化建造也仍处于初步发展阶段，我国依然缺乏智能建造的多种硬件的支持，相关的软技术尚需进一步研发[2]。

未来我国高坝、隧道等基础设施建设工程中的重大技术难题的解决和基础理论研究的突破，离不开技术科学的支撑。工程技术人员对技术科学原理的掌握、对技术科学方法的应用，依旧是非常必要且关键的。未来，"基建狂魔"势必要继续借助技术科学的力量，打造更多智能绿色、集约高效、实用便利、安全可靠、互联互通的现代化基础设施，加快推动生产力的发展，助力科技强国建设。

3.4.6　实现"双碳"目标的保障在于技术科学

2020 年 9 月，习近平主席在联合国大会上郑重宣示：我国二氧化碳排放力争 2030 年前达到峰值，努力争取 2060 年前实现碳中和的"双碳"目标。"双碳"目标是党中央经过深思熟虑做出的重大战略部署，也是有世界意义的应对气候变化的庄严承诺；既是中国实现绿色工业化、城镇化、农

---

[1] 张楚汉. 高坝——水电站工程建设中的关键科学技术问题. 贵州水力发电，2005，(02): 1-4, 8.
[2] 陈湘生，李克，包小华，洪成雨，付艳斌，崔宏志. 城市盾构隧道数字化智能建造发展概述. 应用基础与工程科学学报，2021，29 (05): 1057-1074.

业农村现代化的机遇①,也是我国在当前的发展阶段努力实现中国式现代化所面临的挑战。进入"双碳"时代,世界经济将从能源的资源依赖型逐步走向能源的技术依赖型②。面对煤炭煤电转型、可再生能源消纳及存储、深度脱碳技术及成本等诸多亟待解决的问题③,我国若想积极稳妥地实现碳达峰碳中的"双碳"目标,离不开技术科学的保障。核心技术的掌握、成本的降低和推广应用、新能源产业的关键材料研发等,都是加快推动我国产业结构、能源结构、交通运输结构等调整优化的关键。

案例:(39)"碳达峰"与水力发电

"碳达峰"指某个地区或行业年度二氧化碳排放量达到历史最高值,然后经历平台期进入持续下降的过程,是二氧化碳排放量由增转降的历史拐点,标志着碳排放与经济发展实现脱钩。我国新型电力系统以新能源为主体,需要吸纳大规模、高比例间歇性可再生能源,对灵活调节资源提出了更高要求。在"双碳"目标背景下,面对"碳达峰"方面的要求,清洁环保、高效能循环利用的灵活调节资源尤为宝贵,水电的保障作用尤为凸显。可以说,我国在实现"碳达峰"方面的目标实现在于水电保障从而实现风光水核协调发展。

《"十四五"现代能源体系规划》中对"因地制宜开发水电"的相关表述也为我国积极推进水电发展提供了政策支持。水电的优势主要体现在:一方面,水电本身是技术成熟、运行灵活的清洁低碳可再生能源,具有防洪、供水、航运、灌溉等综合利用功能,经济、社会、生态效益显著。另一方面,无论是常规水电还是抽水蓄能,都具备优越的储能功能和调蓄能力。通过与新能源联合运行,显著提高新能源资源利用率,有效缓解弃风、弃光等问题;还可以与核电配合运行,响应负荷需求,提高运行安全性、可靠性和经济性④。

---

① 胡鞍钢. 中国实现 2030 年前碳达峰目标及主要途径. 北京工业大学学报(社会科学版), 2021, 21 (03): 1-15.
② 贺克斌. 技术是实现"双碳"的重要核心. (2022-09-18). https://baijiahao.baidu.com/s?id=17442914 72950773866&wfr=spider&for=pc.
③ 庄贵阳. 我国实现"双碳"目标面临的挑战及对策. 人民论坛, 2021, (18): 50-53.
④ 彭程, 彭才德, 高洁, 杜效鹄. 新时代水电发展展望. 水力发电, 2021, 47 (08): 1-3, 98.

而水力发电并非轻而易举之事。水力发电设施的建设需要应对我国复杂的地势、地质环境、恶劣的自然条件等，并有生态环境保护等方面的问题需要统筹。诸类问题的解决都需要依靠技术科学的研究思路和方法。

> 先谈碳燃放，我们的目标是尽量减少煤，恨不得不烧煤炭了。要解决燃煤发电的问题，其中一个问题是，我们的电网主要是靠烧煤，核电非常少，水电无论是装机容量还是装电量，都只有17%左右，实际上燃煤发电还是主力军。有一个曲线，从2000年开始，水电是一条线，火电是一条线，按照我们"碳达峰"的目标，到2030年，新能源要不低于12亿kW。如果2030年真正把这个问题解决到12亿，成本会上去，因为新能源一年的可利用小时只有1500小时，而煤是4000小时。第二个问题是，新能源的电是间歇性的、季节性的，是没有办法控制的，电网是不能接受的，所以在这种情况下，新能源产电的利用小时很低。然后还有季节性的特点。
>
> 电网怎么去接受呢？目前来说只能靠水电。2030年"碳达峰"只能靠水电。氢储能、锂电池等，这些东西和大电网并不是一回事，那么只能靠水电来进行，这一点我们是非常清楚的。我们要力争在2030年前实现"碳达峰"，口号已经提出来了。我们跟国家电网有个课题组，最后得出的结论是，即使把所有的水电站抽水蓄能的潜力都算进去了，离目标还差两个亿。在这种情况下，我们写了个咨询报告，这个问题解决的办法就是，现在还有一些大水电在开发。现在大水电还是一个一个在修建，但是从规划设计到建成要很长的周期，有很多复杂的问题。还有一个办法是抽水蓄能，抽水蓄能看来是唯一的解决办法。所谓抽水蓄能，就是利用太阳能发出来的电，把水抽上去再放下来产生电能，也就是电网里边有一些电，暂时没地方用，就让抽水系统抽上去，等到用电高峰再放下来，它调峰而且调频，这样的电网质量是非常高的。但抽水蓄能的方式本身没有产生电能，其实还会消耗电能，一般是3度换2度或者4度换3度。
>
> 技术科学推动生产力发展。在"碳达峰""碳中和"的情况下，水电

> 是通过风光一体化来化解新能源的缺陷。风光一体化最典型的就是龙羊峡水电站，在青海的荒地布置了很多光伏电，作为龙羊峡水电站的第五、第六号机组。这个电发出来以后不直接送电网，如果需要电，就可以根据系统来发电。如果这个时候没有光了，就把水电放出来；如果光出来了，水电就不放了，这样系统就稳定了。第二个，抽水蓄能，是能够达到目标的根本问题。我们现在水电的发展，要作为帮助风光并网的核心力量，它的功能已经不再是简单地提供水资源。保证新能源安全并网，为电网消纳。现在我们水电大概还有两个亿的缺口，而且水电要跟风光搭在一起，要研究水风光一体化相关的那些问题，比较重要的就是抽水蓄能，我们在报告里提出，要有变速的抽水蓄能来提高它的效率。
>
> ——中国科学院院士　陈祖煜

案例：（40）"碳中和"与节能减排

"碳达峰"与"碳中和"紧密相连，前者是后者的基础和前提，达峰时间的早晚和峰值的高低直接影响"碳中和"实现的时长和实现的难度[1]。"碳中和"是指设法抵消二氧化碳排放或彻底消除二氧化碳排放使其净排放量达到零。简单地说，就是实现二氧化碳排放量"收支相抵"，即"中和"。节能减排是实现"碳中和"不可缺少的环节，节能是基于能源消耗、结构的转变，减排是控制污染的行为。新技术、新设备、新材料，都是实现节能降碳减污协同增效，推动经济社会发展建立在资源高效利用和绿色低碳发展的基础之上的重要保障。

当前正在经历传统化石能源向新能源的第三次重大转换。按照能源发展规律，能源形态从固态（薪柴与煤炭）、液态（石油）向气态（天然气）转换，能源中碳的数量从高碳（薪柴与煤炭）、中低碳（石油与天然气）向无碳（新能源）转换，未来沿着资源类型减碳化、生产技术密集化、利用方式多样化三大趋势发展[2]。实现"碳中和"需要多类能源的"并驾齐

---

[1] 王金南，严刚. 加快实现碳排放达峰推动经济高质量发展. 经济日报，2021-01-04.
[2] 邹才能，熊波，薛华庆，郑德温，葛稚新，王影，蒋璐阳，潘松圻，吴松涛. 新能源在碳中和中的地位与作用. 石油勘探与开发，2021，48（02）：411-420.

驱"。一方面，以煤为主的能源资源禀赋和经济社会发展所处阶段，决定了未来相当长一段时间内，我国经济社会发展仍将离不开煤炭等常规能源；另一方面，迫切需要开发新型的、非常规的、深层的地质能源，如干热岩地热、油页岩等，这类能源往往矿体致密，矿物或以固态或以热能形式或以吸附态形式赋存，埋藏深度大，能量密度低，难以用传统方法开采。面对2060年前实现"碳中和"的重要任务，技术科学工作者在大量的实验和工程实践中总结新规律、开发新技术、凝练新理论，解决共性难题，推动能源产业的变革，保障"双碳"目标的实现。可以说，在"碳中和"与节能减排方面，技术科学将起到保障作用。

> 技术科学作为主要的应用基础科学，促进了技术变革和产业变革，从而保证了"双碳"目标的实现。从技术科学体系角度，我研究两个核心分支，一个叫岩体力学，实际上属于力学的大范畴里面的一个大分支；另外一个叫多孔介质，多孔介质的传输和多孔介质的流动。这两个方面一直是作为这些年研究的核心和基础，而且我一直在这方面工作，这一类的工作就属于技术科学理论范畴的研究。以技术科学的理论体系研究为主的团队可以随时改变方向，因为核心的东西，对我来说非常清晰，核心的就是技术科学里面的一部分内容，比如说岩体力学、多孔介质的传输，这是我们科学的内涵也是核心，它的外延实际上是工业应用或者是工业技术的推进。比如说我把岩体力学和多孔介质的传输在科学技术理论方面研究和发展的成果应用到煤炭、地热、煤层气，包括一些能源矿产资源的开发，这时候我应用的已经不是原来的开发技术，而是产生了全新的开发技术，最终就会引起产业的变革。技术科学如果是作为一个独立的科学体系存在，它最大的作用意义就是要变革那些传统的产业技术，技术科学就是要引起这个产业的技术变革，完全换一种形式使它成功，这就是技术科学。一个工业的进步和本质的变革，都是技术科学在这个工业上的巨大突破，就是以技术科学为核心的一个突破，这个脉络非常的清晰。
>
> 我做的岩体力学或者多孔介质传输这一块的技术科学的研究，本身

也有很多已经成型的内容。当我遇到这样一些大的工业共性的难题，应用了好多的工业技术却无法解决，但是我去找共性的技术科学问题。当我把共性的技术科学问题拿下来以后，这几个问题就都可以解决。技术科学理论方面的突破往往会解决一片空白，这是明显的一个特征。许多时候我们在重大的技术难题或者实际问题面前，真的无法突破的时候，一定要在技术科学中去找问题。久攻不下、长久不能解决的重大技术难题之中一定隐藏深刻的科学问题，不要单纯地老是就问题来解决问题、就技术来解决问题。我们不仅仅在技术科学方面要解决这个理论，甚至有时候我们还反过来借助真正的数理科学，更深层的基础科学的一些观点、思想去促进我们的技术科学，这才有可能拿出更大的解决方案。

——中国科学院院士　赵阳升

技术科学不是独立的，它不是一个学科的发展，而是整个研究创新发展当中创新论的重要的核心环节。工程热物理学需要它，力学也需要它，很多学科都需要它，我们工程热物理学是最典型的。工程热物理学科的许多方法是通过基础研究的思路去建立，准备应用到工程实际，它就具备技术科学特征。但是它怎么能够变成现实呢？技术科学是一个好的理念，要真正打通它，得需要科学界和产业界握手，这个桥才能变成真正的桥。随着我们节能的要求、环保的要求、低碳的要求，燃烧的方式要有变革性的变化。有的东西基础性比较强，如果出现问题的原因不知道，那是因为研究者不懂原理。知道原理了，然后说原理能够预见以后调控的思路，我就能开始调控了，所以从 0.5 到 1 非常关键。

——中国科学院院士　金红光

技术科学的发展一般连接着应用，因此要有应用价值和目的，其发展规划性是本质上的特征。有规划的发展对整个领域的科学发展都会有推动作用。现在的"碳中和"，就是典型的、有目标导向的问题，涉及所有学科的科学基本问题和工程技术问题。解决"碳中和"时代的大技术科学问题，需要用现实问题来集成既有的科学知识，也需要新的科学研究，在这一点上技术科学的规划性就很明显。

——中国科学院院士　薛其坤

"碳中和"，即排放的和吸收的要平衡。"碳达峰"不是光指二氧化碳，是指所有的温室气体集成的效应。从我们能源的角度说，"碳达峰""碳中和"的核心是要减少工业用能上二氧化碳的排放。所以就是要改革，改变用能的方式。我们传统的用能都是用火烧，把化石能源烧着了变成热能，然后再用其他的办法把热能变成蒸汽的热动能去推动轮机做功，或者是直接推动机械去做功，或者是产生热能以后用工业蒸汽载体，比如给我们的取暖供热，或者是医院用的蒸汽消毒，还有一些工业纺织生产都要用工业蒸汽去维持环境，所以核心还是在这一块，这些转化过程里面又涉及机械装备，那些装备还是涉及制造装备的装备，所以就涉及机械制造。

从源头上来说，如果我们不是用燃烧的方法去用化石能源，我们换一个方式去用，也许就不排放了，因此要改变对其观念上的认识。其实大众甚至专家们也把能源当作能量来用，没有体会到能源其实是物质资源。比如煤，煤是由物质组成的，比如碳氢化合物也是一种物质资源，它可以去制造别的东西，但烧掉就只放出来热能，放热能又叫化学能释放，化学能释放要通过化学反应，分子与分子之间要产生化学反应，变成新的物质。能源既有能量属性又有物质属性，如果把这两个属性用好了，把能量也放出来了，同时在转化过程中也变成了有用的东西，不是有害的，比如说温室气体，把碳变成了有用的东西，那么就不存在排放的问题了。

——中国科学院院士　郭烈锦

我国"双碳"工作取得良好开局，但我国能源结构偏煤、产业结构偏重、资源利用效率偏低的矛盾仍然突出，能源结构和产业结构转型压力仍然巨大，深刻演变的国际局势也给我国经济社会发展全面绿色转型带来新的挑战。"十四五"是"碳达峰"的关键期、窗口期，实现"碳中和"的道路也任重道远。相信未来在技术科学的保障下，可以让中国在"双碳"目标上更加坚定、更加自信，帮助我们科学处理好能源发展的短期与长期目标问题，积极稳妥推进"碳达峰""碳中和"。

3.4.7 承载"为国铸剑"使命的支柱在于技术科学

国防科技工业是国家安全和国防建设的重要支柱，是国家战略科技力量和高端制造业的重要组成部分，兼具支撑国防军队建设、推动科技进步、服务经济社会发展三重使命[1]。强国必须强军，强军必先利器[2]。技术科学贯通科学和工程，为我国国防科技发展的自主创新和工程建设提供了重要支撑，承载着"为国铸剑"的光荣使命。

武器装备既是一国综合科技水平的代表，也是各国提高国防水平的抓手。经过多年的探索，我国在武器装备现代化建设方面取得了一系列成绩，实现一大批"大国利剑"的铸就。如从1966年10月27日我国首次成功进行导弹与核弹头结合发射试验，到2016年12月7日火箭军齐射10枚东风导弹开展实战化训练；从一系列新型空空导弹、空地导弹、地空导弹，到先进战略导弹、巡航导弹，尤其是一大批信息化程度高、具备世界先进水平的武器装备列装部队。在这一历程中，技术科学通过与工程实践协同发展，充分发挥了其对建设国防装备、捍卫国家安全的直接支撑作用。

案例：（41）风洞设计

作为支撑飞行器自主研发的战略性基础设施，风洞在航空和航天工程的研究和发展中起着重要作用。风洞是以人工的方式产生并且控制气流，用来模拟飞行器或实体周围气体的流动情况，并可量度气流对实体的作用效果以及观察物理现象的一种管道状实验设备。自20世纪50年代以来，我国在风洞建设方面取得巨大的成就，相继建成了 2.4m×2.4m 跨音速风洞、2.0m×2.0m 超音速风洞、8m×6m/16m×12m 低速风洞等系列大型风洞设

---

[1] 王刚，陈伟，曹秋红. 国防科技工业科技安全能力评价. 北京理工大学学报（社会科学版），2020，22（05）：107-112.
[2] 本刊编辑部. 用军工梦托举中国梦"国防科技工业这十年"掠影. 国防科技工业，2022，(10)：40-51.

施，开展了数十万次风洞试验[①]。

然而，由于大型风洞设计建设集成了气动、结构、材料、工艺、测量、控制等多学科多领域，技术难度较大，我国在大型风洞设计建设和加工制造方面仍面临综合考验[②]。如特殊功能机械结构方面，为满足风洞设备试验特殊功能需求，风洞机械结构需要在极端气动荷载、高低温多变工况、强烈瞬态冲击、频繁启停等复杂条件下工作，从而机械结构会受到气动力、热、结构、疲劳循环等多物理场耦合的荷载作用。解决这些问题，需要回归特大尺寸结构件动力学、流—固—热—磁多场耦合分析、大型运动机构高精度控制，以及特殊工况条件下的高可靠性设计等技术科学理论，攻克风洞技术科学理论体系是成功研制大型风洞设备的关键[③]。

从钱老成长的过程，他刚开始是做理论的，做基础的，他是空气动力学家，他刚开始做的卡门—钱公式，这些都是从基础理论做起的。他又去做工程，后来他去了喷气推进实验室（JPL），就开始参加到喷气推进的一些工作，后面从理论到做工程实践。他做的过程里面，发现基础理论研究和工程之间还是有区别的。钱老有个习惯，他干什么事都喜欢写信，我那地方有他非常完整的一套信。从他写的信中可以领悟钱老关于技术科学的最早思想。钱老认为，技术科学是 Engineering Science，是工程科学。虽然自然科学是工程技术的基础，但它并不包括工程技术的所有规律，把自然科学理论应用到工程技术进一步的一项工作，它应该是科学领域的综合，因此有科学基础的工程理论，既不是自然科学，也不是工程技术，它是两者之间的，这是钱老对技术科学的解释。所以我们理解它是基础科学和工程应用间的一个桥梁。在国防这一块，我觉得钱老的实践就是技术科学的实验。

[①] 郭东明，贾振元，杨睿，钱卫. 大型风洞气动弹性试验模型/支撑制造、感知与控制的科学问题. 中国科学基金，2017，31（05）：428-431.

[②] 杨华，黄永安. 大型风洞全场智能感知的研究进展. 中国科学基金，2017，31（05）：450-460.

[③] 郭东明，雒建斌，方岱宁，张幸红，韩杰才，唐志共，赖一楠，詹世革，陈振华，孟庆峰，叶鑫，牛斌，陈新春，罗俊荣. 大型风洞设计建设中的关键科学问题. 中国科学基金，2017，31（05）：420-427.

> 我们这个风洞这个情况就更跟技术科学更接近一点。像我们基地所做的这个研究基本上是技术科学类的研究，我们的定位实际上就很接近技术科学。我们基地科研工作的性质，在学科发展这一块主要是针对现象和规律的一些研究。应用研究主要是侧重于技术和方法，这里面现在我们有个装备预先研究条例，把它定位在一个预先研究，预先研究里面又分了几类，在江泽民同志签署的《中国人民解放军装备预先研究条例》里面可以找到。它又分了一下类，包括应用基础研究、应用研究和先期技术开发。这个是应用基础研究，应用研究和先期技术开发是属于预先研究，在这个阶段就是前面讲的技术科学研究，再往下面就是工程研发的工作。
>
> ——中国科学院院士　唐志共

案例：（42）导弹研制

七十多年的导弹研制发展，在科技进步推动、战略需求牵引、战争实践催生下，不断升级改进：从执行环节的提高射程、增强威力（OODA 1.0），到信息获取环节的采用卫星导航/惯性复合中制导与双模/多模复合导引头末制导，命中精度、目标识别和抗干扰能力进一步增强（OODA 2.0），体现了导弹从执行环节到感知环节的能力提升。目前，进入智能赋能（OODA 3.0）阶段，在已有能力的基础上引入智能技术，进一步提高"感知—判断—决策—行动"环的准确性、敏捷性和快速性[①]。以拦截系统为例，随着导弹不断提升宽速域、大空域、大机动的飞行能力需求，亟须解决控制、结构、热防护等面临的难题。在理论与实际的结合过程中，形成了包括导弹制导与控制理论、导弹动力学特性与建模等技术科学原理，它们既是工程实践的总结，也是导弹进一步发展的理论基础。

> 技术科学部的范围比较广，它跟国家安全，和航天的关联度是非常高的，在中国科学院的诸学科里面应该是关联度是最高的。有几个大的

---

① 祝学军，赵长见，梁卓，谭清科. OODA 智能赋能技术发展思考. 航空学报，2021，42（04）：16-25.

方向，一个是像材料，现在像航天的一些飞行器，每一代新的飞行器都对材料提出一些新的要求。材料的性能对飞行器整体设计的影响是非常大。像现在的轻质材料，又是高强度、高刚度，这样一些综合性的要求是非常高。航天从一开始便追求轻质材料。我们飞行器要求本身做得越来越小，而且它的机动灵活性要非常高，所以你本身越轻，飞行器就越灵活。越灵活，你要去执行一些任务和战斗任务，攻击任务或者拦截任务，它本身就占有机动性的优势，所以更易于实现我们整个武器的一个又一个指标的提高。所以，对轻质材料是一个永恒的追求，不是说原来就是实现了一定的轻质化，现在就可以了，我们追求应该是没有止境的。

航空航天的总体策划都在技术科学部。作为总师他是一个型号的技术者负责，实际上每一个武器装备的型号，都是需要各个学科、各个专业的人员，而且其技术的突破也是各个方面的一种突破。有时候你单独追求一项指标和一项突破，尽管你在一个方向感觉到很不错，说国际领先，但是有可能你整个的系统的性能不一定是一个很好的系统。系统工程就是在综合考虑到这种首位的军事需要。另外，我们现在国内的一些研究水平，甚至是一些生产能力、工艺水平，还是要综合权衡，权衡就是系统工程，靠这个思路。系统工程思想最早应该是钱学森提出来的，现在航天这些大系统基本上都是按照系统工程的方法来通过总体的系统性的设计，让各个分系统在保证总体性能的情况下，发挥它们的能力，最后实现一个可以实现的，能够满足需要的系统，这就是系统工程需要解决的问题。这里需要考虑的方面很多，有一个综合权衡，有个优化过程。我觉得技术科学部在这个方面应该为这些总师的经验、学识，还有一些咨询性的东西起到一些作用。

材料当然是一个大的方面，另外还有比如说力学。我们的飞行器，它都是多物理场耦合的，而且本身的机动性要很强，力学的问题很严重。力和热是交融在一块的，咱们力学和热学都在这个学部，所以这两个结合起来，它是能够解决面临的新问题。包括机械，像我们现在很多的一些先进制造、加工，像有的是像大型的运载器，大型结构件的这种加工，包括我们小的东西，小的东西加工难度也很大。小的东西，尺寸要求小，精度要求高，这样就需要搞精密加工的专家。还有一个智能制造，像我们进行大批量生产时，倾向于自动化的一条生产线。人的参与很少了，从物料到整个的生产，到最后装配，基本是自动化的。先进制造也是我们技术科学研究的；还有一种是这个批量很小，但是总是变，今天是做这个，同样明天来个任务做那个，这样的柔性制造生产线，现在我们学部很多院士要搞智能制造、先进制造、柔性制造，这些都是技术科学部研究的一些问题。像这些东西都是作为航天以后这种大规模的生产需要解决。

——中国科学院院士　江涌

1956年，中国航天在"一穷二白"中起步。在技术水平低下、工业基础薄弱的背景下，锚定国家需求、确定研究方向，牵引了一系列技术科学发展，建立了导弹、火箭整套技术科学理论，形成了完备的工程研制体系。进入新时代发展阶段，航天领域围绕新需求，不断丰富和完善原有理论和技术体系，同时，新兴技术极大促进了导弹、火箭的快速发展，牵引了装备新质能力生成。如随着计算机科学发展催生了计算数学、计算流体力学等学科发展，解决了工程研制大规模、高速度、高精度计算需求；材料科学领域轻质复合材料的发展使高超声速飞行器发展成为可能。此外，技术科学是面向工程应用进行理论创新，直接推动解决了国防工业中的实际问题，形成了技术科学与工程设计相互依存、相互促进的关系，比如空气动力学与飞行器外形设计、新材料与隐身/防隔热设计、微波光子技术与新型探测装置的关系等。

航天领域发展是技术科学与工程实践相结合、相依存、相促进协同发展的典范。中国的航天技术科学理论体系是以钱学森为代表的老一代科学家和工程技术专家在开拓中国航天事业的伟大实践中创建的，形成了液体弹道导弹/运载火箭、固体弹道导弹、飞航导弹、卫星工程等系列技术科学理论和工程设计方法，包括导弹/火箭规模与级间比优化理论、弹道设计理论、导弹动力学特性与建模、导弹制导与控制理论、火箭发动机原理与设计、惯性器件原理与设计等。这些理论与设计方法是实践

> 的总结，也是后续发展的基础，并在创新实践中不断丰富和发展，形成了再入机动飞行器设计理论和设计方法、精确制导与控制方法、高超声速飞行器/导弹设计理论方法等。
>
> ——中国科学院院士　祝学军

国防尖端武器装备是国之重器，也是捍卫国家安全的重要凭借。目前，我国在国防建设多个领域处于从"跟跑"向"并跑"、"领跑"跨域的关键阶段，必须充分发挥技术科学面向工程应用进行理论创新的支撑作用，推动国防工业中实际问题的解决、搭建国防建设领域基础科学与工程实践之间对话的桥梁。

3.5　技术科学支撑工程教育的功能

3.5.1　技术科学支撑工程教育的关键作用

理工科教育一般是把科学作为共同的基础知识，在共同的基础知识和方法的基础上去学专业的科学知识，再用这些专业知识和基础知识一起去做一些研究或者应用研究的实践，这些是理工科基本的逻辑。对于理工科大学来说，工程教育的目标是培养在经济社会发展中具有创新性的高水平科学技术人才，而不是单纯的产业工匠。技术科学在理工科大学的学科建设与科学研究中具有支柱地位。如果从支柱的角度来看，理工科大学的学科建设和科学研究包含了多根支柱，具体可视为"3+1"：中间三根是平行的，分别代表基础科学、技术科学，以及与工程技术实践的结合，技术科学是这三根支柱之一；此外还有一根横梁架在这三根支柱之上，就是新时代系统科学和唯物辩证法的世界观和方法论，是起到统领作用的横梁。这种结构使得我国的技术科学不断发展，也验证了钱学森先生所言，"当今社会需要发展出适合于新时代的马克思列宁主义的唯物辩证法"。

问题：（10）技术科学人才培养的重点是什么？

技术科学人才是客观存在的需要。与基础科学人才培养的要求不同，技术科学人才培养的重点是要求其有深厚的基础科学基础，而不是着重于创造基础科学知识。因此，在理工科大学技术科学的教学、科学研究和学科建设中，必须培养出这样一批人才，他们既有很强的与工程实际结合的能力，也有深厚的基础科学基础，但是并不要求他们的一生以发现新的科学现象为目标。从学科建设的角度来看，大学需要培养巨量的理工科人才。

技术科学的学科范畴是动态发展的，它将随着技术应用场景的不断增加而不断形成新的学科。对于前沿技术领域，我们应该不断总结其工程技术的经验，并在自然科学的基础上，积极探索其技术原理，形成前沿工程技术理论，以对理工科大学的学科建设与科学研究进行前瞻性布局。近年来，我国在基础研究的若干重要领域，取得了一批有国际影响力的原创成果。但一方面是基础研究取得了重大进步，另一方面是"卡脖子"问题依然存在，部分关键产业的自主创新能力依然受制于人。这也意味着当前基础科学端无法为工程技术端提供足量的知识与人才供给，需要转变科学研究的线性模型，更加重视技术科学。

技术科学学科的桥梁作用——以工程热力学为例

力学、工程热物理等学科确实起到了桥梁作用，这些课程也是学生学完基础课程后向专业课程过渡的桥梁课程。学生一般在大一学完大学数学、物理化学、计算机基础等基础课程，大二上学期开始学习力学、理论科学、材料力学等等，大二下学期则开始过渡到了工科，学习一些作为工科学生共有的基础课程。接下来则要选择专业，如果选择能源动力，还要学习工程热力学、传热学、流体力学、燃烧学等。因此技术基础课往往被认为是技术的前端，目的是之后能够解决工程问题，这是技术科学的一个角色。之后的课程会解决一些具体的问题，比如选择热能工程，则需要学习锅炉原理这类更具工程化背景的学科。如果划分阶段，技术是工程的前端阶段；如果不划阶段，技术则为工程打下了最基本的前端基础。

> 技术科学的作用既深又广，打好技术基础可使学生对相关专业做到触类旁通。例如能源动力类专业中，将工程热力学、传热学、流体力学、燃烧学等前端课程基础打好，后端学习如热能工程、锅炉、动力机械、化工设备等是比较轻松的，因为技术基础课程已经针对技术特点揭示了共性原理，它将纯理论与前端学习结合到具体化的工程业务中。区别于统计热力学、经典热力学等理论课程，工程热力学这门技术科学课程针对的是能源利用和转换传递过程中的共性科学问题，是从共性中抽象出来的科学。大自然界中有大量的热能问题，90%以上一次能源为热能。工程热力学涉及能量的传递和传热学；涉及能量的转换，如何把涡轮机、电热能、太阳能中间共性的规律进行抽取，最大可能地在热源和冷源之间转换，理解其中的约束条件，获取达到最优解的途径；介绍共性的热力基本原理、实现转换的热力过程；还涉及基本化学。学生或者工程技术人员学习过这门课后，再去接触工程，即使具体到某一个设备的设计，都变得特别容易。
>
> 如果要进行严格的界定，可以认为从设计装置到将装置应用于工程，前端的基础原理或基础工程学为技术科学。技术科学承接了基础科学，但由于基础科学没有针对某个具体领域，技术科学就恰好承担了这一在领域中承上启下的重要角色。这个角色较为重要，有助于学生在教育过程中的伸缩自由，且对学生的潜力起到了关键性作用，使学生能够不断拓展延伸，在不同领域都做得很好。
>
> ——中国科学院院士　何雅玲

问题：（11）如何扩大技术科学类专业的培养口径？

培养口径较窄是中国目前工程教育中存在的问题。这主要是由我国目前的学位制度造成的。我国现在的学位制度，使得学科被划分得清清楚楚，一旦某一学科被列入交叉学科，更可能会被认为是不够格成为某一独立学科。这种制度在开始阶段是好的，但现在已经开始对整个工程教育体系产生了危害，因为目前这种学科评价体系过于固化，为了凑这个学科和方向，只能墨守成规，因而产生了各式各样的问题。西方发达国家的大学机械系的系主任很多都是技术科学如力学出身。中国工程教育也无法像西方发达国家大学的机械系那样，以这种方式培养出的学生到机械企业去当不了主任，在大学中甚至连教授也当不上。

对于培养口径是否扩大和如何扩大，最重要的是看其需求是什么。在现阶段，技术科学的内涵呈谱线式分布，已经超越了其之前的桥梁作用。既然是谱线式分布，就必然有多样性的要求。只要在培养人才的过程中做好了最主要的部分，实现这种多样性将是水到渠成的事情。以这种方式培养出来的人才，并不会出现常规意义上专业不对口的问题，因为从技术科学谱的观点来看，在人才培养主要部分正确的情况下，允许百花齐放，才是扩大培养口径、实现技术科学需求的方式。随着服务业的发展，工科类学生越来越少，为了适应这种情况，一种办法是学科的交叉，例如学生可以在一二年级学数学，三年级可以直接选深度交叉的专业。技术科学包含自然科学和工程技术的特点，它需要学习的内容是很深入的、广泛的。随着计算机软件的广泛应用，有很多课程可以只传授最基本的科学原理。理解基本的原理也有助于学生继续交叉发展。

现在很多大学中开设了各种各样的学院和试点班，例如清华大学开设了钱学森力学班、为先书院等，未来如果能够实现对专业技术科学人才的有效培养，他们无论是从事"上天入地"的工程事业，还是与人文科学相结合，只要符合社会发展的趋势，对于他们自身和整个社会都将大有裨益。

学习交叉课程的重要性

过去能源动力的专业分得很细，例如内燃机、压缩机、锅炉等装置方面的课程。随着科技的发展，人才培养口径确实较窄，所以后来都在做改革。过去大部分学生是分配制，毕业以后直接去到专业的单位工作，而现在则是双向选择。科技的高度发达的时代，过窄的培养不利于学生的成长发展，因此专业交叉结合是必要的。现在科技的特点是多方融合，掌握好基础理论有利于多方融合，例如机械方面的研究人员懂得弹性力学、塑性力学、材料学等，更能够在交叉融合的某一点上得到原创的突破。工程涉及的范围广泛，完整地学习全部工程是不现实的，业有专攻，如果能扎实地打好基础与经典课程，则对学生未来的发展十分有益。在基础扎实的情况下，可以把学生在课程体系上释放出来，例如过去内燃机学得很细，内燃机构造、动态平衡、活塞引起振动等方面的知识过细，将学生从这些课程中释放出来，有更多的时间学习交叉课程，是很好的方法，有利于学生思想的交融和未来的发展。

——中国科学院院士　何雅玲

知识体系的划分——以电子工程专业为例

从知识体系角度来讲，科学知识里也包括了技术科学知识。例如，我所从事的电子工程专业是比较偏工程的，但是它的基础知识，比如电磁场理论、函数分析、偏微分方程等，这些数学知识里其实包括了相当多的技术科学知识，如微波技术，具体到微波的网络理论、天线设计等，这些又可以被当作专业知识。再具体一些，一般认为麦克斯韦方程组是属于基础科学的，在该方程组基础上发展出了天线理论、遥感理论这些技术科学知识，但是如果去看天线理论的课程，它讨论的全是电磁场及其辐射，是基础科学的范畴。再比如说微波网络，它可以当作微波技术，但是这个网络里的内容，整个框架是矩阵的运算，每一个矩阵上都是电场磁场的表示。所以在现在的理工科教学里，实际上没有对基础科学和技术科学的知识做区分，或者说至少是没有做明确的区分，二者是紧密结合的，找到一个清晰的界限把它们分开是不太容易的。区分二者的意义在什么地方？我认为，在我们的实践里，或者至少是在电子系的教学中，我们希望学生能够熟练地掌握一些重要技术方法。比如，按照电磁场理论，如果要制作一个电容器，就要求这个电容器是两个无限大的平板，其中间有一个电介质，因为平板无限大，仅靠二者中间的距离就可以决定电容的大小。可是在实践中两个无限大平板是没有的，那怎么办？这个时候的方案是采用两个同心环，因为所谓无限大就是没有起点也没有终点，就等同于两个同心环，这叫作保角变换，后面我们就用一定的数学知识来描述这个问题，这就等于用一定的技术方法把基本知识实现到一个具体的技术问题上。这些方法要有一定的理论知识做支撑，但这些知识更多地来自基础科学，通过面对具体的问题建立起来一些技术方法。往往最后能申请专利的都是这些技术方法，而不是一个新的基础知识。

——世界工程组织联合会主席　龚克

新工科教育的技术科学基础

以浙江大学等为代表的中国大部分理工科大学，其基本的教育培养框架是正确的，但是在许多层面依然存在一些问题。当理工科大学逐渐发展成为综合性大学时，具有共通性的知识结构变得非常重要。首先，是大数据技术、数据库、人工智能等，从而拓宽现代科学技术的知识面。其次，材料领域的知识也很重要，如土木材料的个性化、高铁无砟轨道板材料的研发、通过改变原子的排列来改变材料性能等，都需要具备材料的知识。此外，遥感知识也是各学科需要学习的，能够帮助进行测量。学习这些共通的课程，有助于培养学生开展不同类型技术科学研究的能力。因此，应当要更新工科教育或者工程教育当中的技术基础，扎实的技术基础有助于实现技术的颠覆性创新。

因此对浙江大学来说，我们不仅要有统一的、更宽的技术科学基础，而且要更新技术科学基础。在竺可桢学院中可以成立技术科学学科的班级，相当于英国的工程学系、工程系。此外，需要强调学习背景，背景是做技术科学、技术发明的驱动力，可以建立真正意义上的工业博物馆，推动学生的兴趣。

——中国科学院院士　陈云敏

新视角下的人才培养口径

我国现在要变成制造强国、要发展人工智能、要建设大数据驱动下的各类新工程，就必须从该角度来考虑人才培养口径的问题。举一个很极端的例子，如果课程体系中只有传统工科的四门技术基础课，也就是理论力学、材料力学、机械设计和电工电子学，而没有和数据相关的信息类课程，是无法跟上信息时代步伐的。这就相当于用 20 世纪 70 年代的教学基础来培养新世纪20年代的人才，最终的效果必然是事倍功半。

——清华大学教授　余寿文

新阶段的工科人才

工程师的培养或者是说工科人才的培养，不要把工科人变成工程人才，我们现在做的工科人才，是数学加科学，然后是技术，技术起到了关键作用。每个领域都有它的特殊性，有一些窗户纸就捅不破，这就是所谓的"卡脖子"，当我们没有搞清楚的时候，它就是"卡脖子"。我国工程教育做得还可以，我们现在也向世界一流院校学习，比较好的工科培养学校，包括浙大、交大、清华，都非常重视数学和科学。

现在我国的工程培养问题是我们的教师没有工程师的经验。不同阶段有不同的强调，"文化大革命"以前的工科培养太过实际了，主要搞汽车，不进行理论学习，要解决汽车厂急需的人才，这样的培养较快，但无法通过这样的教育来改造和发展未来汽车行业。当时我（任校长）的学校发生一件事，计算机系主任用计算机教学，坚决反对学生学量子力学。我那时想这可怎么办，必须让所有的学生都得学量子力学，不学量子力学这要坚决反对，在这个时候外界支持了我。我说你培养你的学生，是搞现在的计算机，还是搞未来的计算机，那当然是未来的。量子计算机一出来，这总算是把量子物理加在教学里面，这些分歧依然存在。培养现在的工程师，还是培养未来的工程师，给什么样的课程，这对学生培养还是非常重要的。

——中国科学院院士　顾秉林

本科教育需有所侧重

本科学习很重要。有很多的课程，不需要老师讲，学生自己看也能看懂。但是有些内容没老师讲，仅靠自学是很难明白的，比如数学、物理四大力学、量子力学等。有很多工科的课程，学生可以自己学习。因此在本科阶段对于难以自学的知识，需要多安排这些基础课程，对于前沿知识基础，也要安排若干个类似于科普的课程，至少要让学生知道它有什么东西，将来需要的时候能够找得到，能够深入进去。一方面在若干个基础的点上要挖得很深，基础的东西要理解得很透彻，提高研究能力；另外一方面又要拓展知识面，让他见多识广。将来做什么事情，就能从战略上知道这个问题应该把什么组合进来。这是理想的状态。

——国家自然科学基金委员会数学物理科学部常务副主任　董国轩

技术科学基础的教学思想及体制改革

扩大专业培养口径不是简单地把几个专业的学习内容叠加起来，而是一个教学思想和体制的改革问题。如果不进行相应的改革，拓宽专业面也就不能落实。当代科学技术发展迅速，知识陈旧周期缩短。在有限的时间内，只能要求学生有选择地掌握一定的基础理论和基本技能。企图把所有内容塞满课程表，即使把学制拖长了，也会造成学时紧张，是不能提高教学质量的。反而使学生的精力分散，产生无谓的消耗，在客观上起到削弱吸收新内容的作用。扩大专业培养口径的另一个问题是专业面的宽度或所谓覆盖面问题。首先应该有明确的培养目标，然后根据培养目标在教学计划中设置通用型技术课程，作为由技术基础课向工程实践训练的过渡。同时，保留原有专业的主干课程，减少非必修、非主干课程，增设选修课，特别是相近专业的一些专业课程，以及跨学科和社会科学的课程，把现代文明的新成果、新理论、新方法适当引入教学过程，适应科技日新月异的发展趋势。同时，不可忽视与专业有关的工程技术知识和工程经济等方面的知识，还有课程设计、实习和毕业设计等工程实践环节。

此外，我国技术科学类专业普遍存在专业划分过细、知识陈旧、与社会需求脱节等现象，这种局面影响了面向未来高水平工程师的培养。新技术科学类专业与学科建设需要从原来的"学科导向"转变为"产业需求导向"，改变传统的"专业分割"实现"跨界交叉融合"，从原来的"适应服务"定位转变为"支撑引领并重"。在此方针指导下，围绕城市建设、立足产业实际需求，结合自身师资特点，设置不同专业类型的主

> 修模块，进行宽口径人才的培养。与此同时，结合行业发展和现代科技进步，瞄准未来，设置与产业需求挂钩的拓展模块，不但确保高等教育知识体系的及时更新，也发挥了新时代高等教育"支撑引领"并重的关键作用。
>
> ——中国科学院院士　徐世烺

问题：（12）欧美名校中的工科是否大多为工程学？

一般认为，近代高等工程教育开端于军事院校。1794年成立的法国巴黎理工学院是欧洲第一所培养工程师的学校，其模式直接影响着法国、德国及许多欧洲国家的技术与工程教育体制。19世纪初期塞耶接任美国西点军校校长之后，将法国高等工程人才培养模式引入西点军校，使其成为美国第一所正规工程学校和高等工程教育的引领机构。日本的高等工程教育则开始于1868年明治维新之后，如1870年成立的海军兵学寮。我国的高等工程教育起步较晚，是近代在国际国内社会政治、经济发生极大变化的背景下出现的。它的起始点说法不一，但是大都集中在洋务运动时期所产生的学堂，包括军械技术学堂、专业技术学堂、水师学堂和武备学堂等。到了现代，由于各国政治经济制度的不同，其高等工程教育也走上了不同的道路。此处以美国、日本以及欧洲若干国家为例，并和我国的高等工程教育进行比较说明。

由于历史与经济发展等原因，美国进入发达国家行列的时间较早，其主要城市的建设、工业及行业的发展等已相对成熟；对基础设施建设、相关工程研发等的社会需求及行业需求较低。因此，如哈佛大学、耶鲁大学、加州理工学院等顶尖大学中，工程学专业相对于其他类别如社会科学、生命科学、环境科学、医学等专业而言体量很小，多数综合性大学的工程学专业被合并为单一的"工程系（Department of Engineering）"，内设5~10个研究方向，学科覆盖面较窄，相关教授、学生及专业研究人员的数量较少。由于美国社会对于工程类人才的社会需求低，导致其研究及教育偏向于精英教育体系，往往跳出并忽略了工程领域的一般生产、实践等实际需求，而大量地从环境保护、清洁能源、人文关怀的角度，以自主化、智能化的研究方法，研究工程领域中的部分前沿问题。这也就造成了美国高等工程学教育的特征是强调科学，因此在技术科学和工程技术中也强调新颖性和原创性，更加注重论文的未来引用性以及解决问题的方法。对于技术科学中的难题攻关，美国由于拥有众多实力雄厚的世界 500 强企业，政府往往选择直接向大学购买相关的技术科学报告，并不要求高校进行具体研究。这也形成了美国大学高等工程学教育在制度上的独特性。例如，杜克大学是一所综合性大学，它的工学院水平很高，但是规模很小，包括机械与材料、土木、电气和生物医学工程等专业。但是，杜克大学工学院虽然体量较小，只有八十多个教员，但其中有二十几位美国工程院院士，人均两院院士数量甚至高于麻省理工学院。杜克大学工学院开设的课程类似于哈佛大学，并不适合大规模培养工程师。很多其他的美国工科大学也类似杜克大学，院士占比很高。

一定程度上，德国工程教育也向美国学习了很多。德国注重职业教育，原来的工程教育也重视技术的实用性，强调切实解决实际问题，因此会出现许多工程类教授进入企业工作若干年后再重返大学执教的现象，高等教育与企业关系紧密。德国若干年前为了发展工程学，选取了 9 个精英性的工科大学（Technical University Nine）进行重点扶持，类似于中国的"985 大学"。德国的学制是五年拿学位（diploma），在最后一年学习类似我国的硕士课程，以这种方式拿到学位后，培养出来的人才大部分会到研究所深造或工作，也即成为专业化人才。斯图加特大学的机械工程系约有 40 多个研究所，包括车辆、发动机、制造等，在最后一年里提供比较专业化的教育，但是在前四年的课程学习中并没有涉及工程技术的细节。此外，慕尼黑工业大学近几年呈开放性发展态势，其专业已经不完全局限于工程学领域，还是有相当一部分是上升到产品工艺层级的，专业划分较细。日本大学的高等工程教育是发展工匠"精神"，与德国的情形类似。

北欧四国的高等工程教育表面上学习美国，骨子里与德国相似，但是也存在一些差别。以丹麦为例。丹麦大学的入学率很高，但大学一年级和二年级的淘汰率也很高，这就使得其学生的自觉学习程度更好，在五年级的时候，学生已经变得非常自强。从一开始无法弄清问题，到通过不断学习和坚持自己解题,实现问题的彻底分析。丹麦大学的这一制度使得适合研究的学生可以继续深造,而认识到自己在这一方面有所欠缺的学生则进入社会去从事其他行业,甚至可能上完一二年级后便直接工作,但是能够升到四五年级和研究生的学生是真正热爱科学的那部分,从而实现了专业化培养。丹麦的工科院校在课程学习深度和长度方面都高于我国的工科院校,注重学生潜移默化地训练,以及强调给予学生实践动手机会,要求他们在实践中学习。例如丹麦土木工程系课程就包括一类专门进行土木工程中钢筋混凝土结构训练的部分。此外,丹麦大学的机械系课程与我国力学系课程有较多相似课程,但是与我国机械系课程的重叠较少,车床、刨床、机械零件等课程课时压缩到非常少,但这并不意味着他们放弃了一些课程,例如奥尔堡大学的机械系也学习机加工等,但会压缩为一门课程。我国机械系 40 个学时的课程在国外被压缩到 10 个学时,而且他们创造了良好的实验室条件,有各种机械加工设备对学生开放,学生可以随时去练手或实践。另一方面,丹麦大学课程中的力学不只讲材料力学,还包括弹性力学、流体力学、控制,由于市场经济的推动,这些国家的工程教育很早就向工程学的方向展开。

英国的大学如剑桥、牛津等采用学院制,学院是独立法人。更重要的是,剑桥、牛津不像中国高等工程教育中有那么多的分设院系,他们的机械、土木、化工等都在工程系中,在低年级学生能够打下非常扎实的基础课功底,等到了高年级,这些学生可以在工程系中选一个方向进行深入研读。

我国大规模的高等工程教育出现在新中国成立之后。新中国成立前,高等工程教育规模很小,而且当时我国也没有什么工业体系,高等院校基本上只有交大、浙大、清华等学校,还有唐山铁道学院等,师资也基本上是从欧美引进的。新中国成立后,我国全盘学习了苏联模式,而苏联的体制代表了欧洲体制的后期演变,因为整个工业革命从英国开始,到欧洲大陆,再从法国、德国,越来越往东走。这套苏联体系相当于欧洲高等工程教育比较后期的版本,苏联自己也做了很多加工,比如比较注重基础理论等,在这一点上甚至超过了早期的英国,类似于法国的工程师教育。另外，苏联是计划经济，资源分配调拨非常专业化，学生受到的是专门教育。我国过去钢铁学院、建材学院、计算机学院等也是如此，通常是国家发展需要哪些领域，就安排培养哪些领域的人才。这种应用型工程技术教育，使得直到现今我国传统工科院校大部分的教学体系还是在教育学生学习工程技术并在相应行业就业，也造成了许多学生努力考大学的动力就是拿到文凭。但是相比之下，西方很早就形成了市场经济，市场经济下的人才去向不能被计划，因此他们会对学生开展通识教育和加强工程学科的基础性知识教育，也就是更多侧重于工程学的教育。在改革开放之后，我国的高等工程教育开始向欧美学习，基础理论部分有所降低，更多地侧重于实用性等。到了现在，我国越来越强调中国制造和中国创造，使得我国目前的高等工程教育变得和许多国家都有相近的地方。目前，我国已经形成了覆盖全面、结构立体、人才培养层次完善的高等工程教育体系，并且面向我国经济发展中多层次工程人才需求的实际情况，建立了大量的综合性大学和理工、科技类大学及科研院所。

技术科学应当面向应用，因此高等工程教育不能以发论文为主要导向。欧盟的产业主要以德国为主，其他的欧洲国家具有工程之外的支撑产业。但是，中国的经济体量较大，必须进行多方面支撑，大力发展工程学。美国也提出了"美国制造"的概念，并且已经开始深入研究工程学，如加州大学伯克利分校、麻省理工学院等，未来可能会更加重视技术科学的发展，开始进行制造业体系的变革。

高等工程教育与本国工业体系的匹配

理想的高等工程教育要与本国的工业体系相匹配。英国跟英国的工业体系匹配的，法国跟法国的匹配，德国跟德国的匹配，俄罗斯跟俄罗斯匹配，它都有自己的匹配性。

在历史上，法国最早正式实行工程师教育，如巴黎交通学院、法国工程师学校比较具有代表性。它们既要求有相当的综合性大学的基础课程训练，又很注重最后的出口。现在法国工程师也要到企业去实习一年，最后授予工程师学位。我国到现在也没有真正的工程师学位。工程专业硕士有类似之处，但没有完整的体系设计，直接跟在四年本科之后，缺乏体系性的设计，很难说我国的工程教育是否符合我们国家的工业体系需求。

新中国成立以来，我国的工业体系，从最初的模仿，到现在部分跟踪模仿、部分自主创新，各个行业对人才的需求差异很大。发展得较好的专业，如航天工业，其设计人员基本上要求硕士毕业。北京理工大学的工程硕士体系不能够很好地与之匹配，但学术型硕士与之较为契合。因此，中国的工程教育依然处在发展的过程中。在某些行业，工程教育与工业体系在自行慢慢磨合。航天工业要求较高的受教育水平，而一些其他行业并非如此。如汽车工业相对而言层次不高，北京理工大学机械学院车辆专业的本科生就可以进北京汽车研究总院。但目前本科工程师教育没有经过完整的设计，可能还在磨合中。如果汽车工业档次也再提升一步，教育方面或许会慢慢跟上，如现在北京汽车研究总院越来越多地招聘硕士。从道理上讲，如果自己能设计较好的、合理的体系，本科四年加硕士生两年或两年半，一共是六年到六年半，实际上应该能够培养出像法国工程师学校毕业的人才。中国"985大学"的学生生源入口是有保证的。但是，如果是整个中国的高等工程教育，学校层次参差不齐，难以一概而论。

——中国科学院院士　胡海岩

本科生教育与研究生教育的分化

欧美名校中的工科在本科教育层次多为工程学，而在研究生教育层次多为技术科学，这与欧美社会资源不均衡、崇尚的两极化精英教育是有关的。以美国为例，2021年全美城市受教育程度的排名中，密歇根州安娜堡都市区拥有25岁及以上的学士学位持有者的比例最高，为55.90%，是加州维萨利亚的3.8倍，后者仅为14.60%。此外，据美国乔治城大学的报告，美国超半数的工程师的工作内容属于电子工程、机械工程、土木工程、化学工程和计算机工程这五个领域，且其从业人员的主要教育背景均为本科。

> 相对而言，英国的工科专业历史悠久，名校众多，如帝国理工学院、爱丁堡大学、曼彻斯特大学、谢菲尔德大学等。多数院校受工业革命影响而产生了强大的工科教育体系。在英国的众多工科专业中，计算机科学与技术、土木工程、化学工程、机械工程及电子电气工程，都拥有比较悠久的学科发展历史。2005 年，英国政府推出了《理工科毕业生计划》，以扶持理工科发展，满足本国劳动力市场的需求。
>
> 结合各国的工程技术前沿研究可以看出，欧美名校在工科教育方面具有深厚的积累，并将本科生工科教育作为面向社会及用人单位需求的主要供给。此外，为发展各国的前沿学术研究，各校也将研究生层次教育转型为技术科学型教育，以保持在科技前沿领域的竞争力。
>
> ——中国科学院院士　徐世烺

3.5.2　加强技术科学教育，培养基础扎实适应能力强的工程技术人才

问题：(13) 是否应建议教育管理部门明确技术科学在理工科教育中的地位，改革高等工程教育，完善技术科学课程体系，加速培养技术科学人才？

应当有此建议。人才是创新的根本，一流创新人才是建设世界科技强国的根基。理工科大学和科研院所作为人才培养的第一资源，理应为现代技术科学贡献一流创新人才。因此，技术科学在理工科教育中的地位显而易见。

目前，亟待改革高等工程教育，培养技术科学人才。我国工程教育的发展与质量的主要矛盾是不平衡不充分的矛盾，主要表现在：横向上看，东部工程教育强，而中西部工程教育相对较弱；纵向上看，本科工程教育强，而专科和基础教育阶段以及研究生层次的工程教育还比较弱。在改革高等工程教育中，要将绿色生态发展理念贯穿于工程与工程教育全过程。注重绿色发展、循环发展、低碳发展。关注工程伦理，开展工程伦理教育，加强工程师的职业素养和社会责任感，约束工程师的行为。传承探索

未来工程教育的中国模式，培养学生跨学科思维和问题解决能力，广泛的社会参与和产学研合作教育。要继续做强工程教育的国际化，拓宽学生视野，丰富学生的全球性经验。最后，提供高质量的规模性工程教育。结合工程教育专业认证，从横向不同区域和纵向不同学段，大规模地提供高质量的工程教育，加快培养技术科学人才。

在院系设置方面，目前大多数高校都是依据教育部印发的《普通高等学校本科专业目录》《普通高等学校本科专业设置管理规定》等文件，建立了一级学科为学院、二级学科为系所的建制，全面覆盖了教育部划分的工科大类教育体系。此外，我国幅员辽阔，各地高校在保持工程教育覆盖面的前提下，也已经因地制宜地设置了一系列符合当地需求、有地方特色的院系，如沿海城市的海运研究、矿产丰富城市的冶炼研究、东北高校的传统工业方向研究等。在人才培养方面，我国高等工程教育逐渐强调知识与实践相结合，坚持全方位培养学生的学术思维、专业素养及实践能力；毕业生能够根据个人能力及偏好，合理匹配工程现场、企事业单位、研究院所的实际需求就业。

但是，现阶段我国的高等工程教育也存在一些问题。一方面，我国目前四年制的大学本科教育中，英语、政治、体育等课程占用了很多时间，工科教育的科学基础打得不够坚实，如机械系现在只学习理论力学和材料力学，不学习结构力学、弹塑性力学和控制，更几乎不学流体力学。我国的大学应该更多地给学生进行技术科学的学习，这也符合"新工科"的实际发展趋势。针对此种现象，在中国的现有的高等教育体系中，还要继续扩大技术科学类专业人士的招生规模，比如工程力学、应用物理、应用化学这样一些专业，采用本硕连读的体系来培养技术科学人才。技术科学学习内容多，要培养学生科学的一套东西，还要让他具有工程技术的很多属性和特征，甚至是深入学习某一类的产业领域，四年是不够的，至少较好的大学应该有本硕连读这样一种模式去培养技术创新的领军人。技术科学培养出来的人才应该就是技术创新的领军人才，不能等同一般工科培养人才，这就是专业的培养目标和培养人才的定位。另一方面，具体到培养目标，到现在为止，我们在实际理工科教育过程中也没有很好地区分对学生的两类培养目标：一类是培养在实践环节上运用具体科学知识和技术方法去解决生产生活实际问题的工程师；另一类是培养在基础理论上进一步进行深入拓展和钻研的科学家。现在至少从培养方案上二者是混为一谈的，学生根据自己的理解和兴趣可能在某一方面做的多一些，另一方面少一些。如果从培养口径角度来看，实际上就是要思考一个问题：我们要不要在人才培养特别是到了研究生阶段的人才培养时，适当区分一下不同人才的发展方向。

新时代工程教育的培养目标

世界工程组织联合会 2021 年一起推动了工程教育标准的更新，这是一个适合所有工程专业的一个基本框架，每个工程专业的教育都会根据这个框架去进行。这个框架包括以下几个方面的培养目标：

第一，要整体提升工程专业对可持续发展的认识，包括应对气候变化、降低碳排放等，这不是某一个工程专业的任务，是所有工程专业都要提升这方面的知识和能力，要建立学生可持续发展意识和相关的知识体系。

第二，工程专业要对数字技术和数字方法有深入了解，它不仅仅是电子信息专业或数据类专业的问题，是所有的理工科专业都要增加相关课程，结合自己的专业去建立，因为数字技术是通用技术，是横穿所有专业的。

第三，要提升将不同学科背景的学生组合起来合作解决复杂问题的能力。但是目前我国的培养方案是"术业有专攻"的，还需要在有专攻的基础上善于跟别人合作。

第四，关于科学技术和工程的伦理教育一定要加强。如果说生物技术是一个比较专业的技术，但是数字技术涉及数据隐私等，就属于通用技术了。所以提高工程伦理意识以及对工程审查方法和标准的了解，要嵌入整个工程教育里面去。

——世界工程组织联合会主席　龚克

技术科学重要性的普及

近年教育部下达了"强基计划",加强基础科学教育,但认为我国许多"卡脖子"的技术无法攻破,仅仅是由于基础科学薄弱的想法是不完全正确的。"强基班"应该更名为"强基强技班"。部分管理者只重视基础科学和工程技术这两类,工程技术"卡脖子"就直接找基础科学,忽略了二者间的桥梁,这违反了客观实际。如果认识不符合客观实际,最终无法产生理想的结果。如果过于强调基础科学而忽略了技术科学与新时代广谱的工程技术之间的联系,最后不仅被"卡脖子",还会被"卡脑子""卡鼻子"。

习近平总书记曾强调技术科学对人才的作用,但如同脑子的指令要通过各种功能系统到达手指来执行,执行这一指令需要各部门正确的认识、有序的配合,起草这些文件的处长、审批这些文件的司长、签发这些文件的部长需共同努力。这是和我国的改革相平行、共繁荣的问题。很多正确的设计和认识要变成具体的政策实施和行动,依靠的不是一个人的力量,作为全国性的事情,通过层层传递,需要万方齐努力。因此,相关人士都需要对技术科学有正确的认识,理解在基础科学和工程技术之间还有技术科学这样的宽广的新时代桥梁。

——清华大学教授　余寿文

技术科学课程分量的提升

在学生培养中课程体系是非常关键的,其中老师讲授的内容也很重要。通识教育涵盖范围很广,会导致鱼龙混杂的现象。学生对通识课的选择是由兴趣驱动或者成绩驱动的,这也占了不少学时。现在大连理工学校四年级课程大体上都是研究性的、发散性的课程,有更广的接触面和研究专题,而不是沿着体系爬上来。但在目前的环境下,学生对该类课程的重视程度普遍不够。学生接受专业课程教育主要集中在二年级和三年级,一年级课程中政治、体育、外语占了很大的比重,以及学生会忙于社团活动,四年级则要准备保研、考研、就业等。因此课程主要集中在二三年级,这是不够分量的。

——中国科学院院士　程耿东

> **大学人才培养体系的再调整**
>
> 针对国家的战略领域，甚至是关键的领域，一定要重新对大学的人才培养体系和系统做调整。现在国家有半导体学院、量子信息系，比如微纳电子学这个典型的全国部署的人才培养新体系，它涉及物理、电子、通信、材料、化学的人才。国家最近出台的碳中和研究院、微纳电子学院或集成电子学院，集成电路学科就是在原来的纯科学研究基础上对照某种应用而产生的学科，这个学科不能完全用物理学进行覆盖，它们是互相存在联系，但是又包含技术科学目标的学科。我觉得我们国家可以针对不同的技术应用来发展融合一些新的学院，这样可以加快人才培养的有效性，使我们培养人才的方向性更加明确，就会对社会发展和对产业来产生更多推进。我们国家需要有几十万的电子人才，所以现在要专门形成一套体系，比如5年之内办50个微电子学院，那么10年之内就能完成这些人才培养。当然这个时候要舍弃学校的规模。这样人才培养体系就可以在短时间之内，随着关键领域的交汇形成新的业态。
>
> 所以理工科大学也好，包括做人文社会科研在内也可以研究这些人才培养体系，根据培养体系的特点、培养规律是什么，教育学、高等教育学都要做相对的调整，要在一定层次上重构目前高等教育的学科结构，包括院系设置、结构管理、课程体系，还有教师配备都要重构。
>
> ——中国科学院院士　薛其坤

问题：（14）技术科学课程体系是否主要由学科基础课、专业通识课、专业基础课、学科交叉课组成，其目标是形成以实验、分析、模拟、数据驱动为科学研究范式的技术科学课程圈？

在教学文件上，人才培养已经从过去的课程体系转变成为培养环节，后者包含课程但不全是课程。有说法认为学生应当学习科学基础课、专业通识课，打深专业基础课，并学习交叉课程，这是不错的。但是要把课程体系拓展成为培养环节，最重要的是要理论联系实际，基础课、通识课、专业课、交叉课，这些重要的环节都要紧密地结合实际，结合培养技术科学部类的人才这一目标。也就是说，不管是专业通识课还是专业基础课，这些课程环节都必须紧紧地和技术科学部类所属的工程技术设计联系起来。培养学生去联系实际和实践是有过程的。实践环节应该从一年级就开始，贯穿到四年级、甚至到研究生阶段的课程。在低年级时，学生可以去了解一些概貌，进行感性的知识体验，在技术科学类的专业里逐步加强和工程技术事件之间的联系，递阶前进。越到高处，联系实际的面和程度就会越为宽深。实践需要在一开始就应穿插于若干门重要的课程中间，由窄到深，步步深入，且提出更高的要求。因此，怎样在培养环节中间、在这若干类重要的课程中融入具有学科部类特色的实践环节是十分重要的。不排除一些学生对于学术或应用特别感兴趣，在培养时也需要尊重学生的多样性。环节培养的学生可能比过去课程培养的学生更能适应新时代技术科学对人才的要求。

新时代的技术科学已经发生了变化，即使它的分类没有大的变化，但是它的谱系发生了巨大变化。在理工科大学中，技术科学课程，包括相应的数值模拟、实验和工程试验课程，是沟通基础理论课与工程专业课之间的桥梁，有助于培养工程研究能力、技术创新能力、科技成果向工程应用的转化能力。扎扎实实的一门技术科学课程，就能使学生在多门工程学科中举一反三。对于课程的设置，学生本科阶段和研究生阶段的培养可以有所侧重。在本科阶段注重学理，在硕士生阶段或者博士生阶段注重学工。比如说我们本科学物理，硕士、博士开始学材料，这样一来，基础越扎实，后劲就越大，离原始创新才更近。

建模构造是技术科学的传统范式，也是现在能看到的许多科学所具有的共同特点，这些科学大部分是技术科学，其中不同的学科可能会有不同的特点。例如力学的定量研究、模型研究、实验观察的建模构造范式，是人类认识论或形而上学认识论中很标准的一套范式。但是数学就不具有这样的范式，它无法根据物理对象建立一个模型来进行分析。数据驱动可能会带给技术科学一个新的研究范式，能发挥一些作用，但不能够和以前基于建模构造的范式完全并行。它更多的是一种工具，把它用好了确实有很大帮助，但是它并不能够解决所有问题。部分老师和学生以理论、实验、模拟、数据驱动为科学研究的范式，但是更重要的是要形成项目实践、分析建模和信息科学的结合，以这种方式去认识新的世界。当学科发生强耦合的时候，理论、实验、模拟和数据驱动范式的科学研究方法会产生很大的不同，这个不同就是工程实践、数字，以及人脑和现实的结合，需要按照这一结合来尝试新的范式。

国外的课程培养环节也做了一些改革，麻省理工学院近年所开展的"NEET（New Engineering Education Transformation）"计划，以及八九所美国知名高校关于不同专业的"CPS"培养环节计划。"C（Cyber）"指互联网，今后更进一步的网络发展；"P（Physical）"指事情、物质；"S（System）"是指一个系统，而不是一个单元。改革中间很重要的一部分是基于工程实践，逐步地培养一年级、二年级、三年级、四年级及研究生。近年来，美国也在反思所谓的技术科学人才培养。针对其发展及机制，现在提出来科学、技术、工程加数学（STEM），即所谓的科学生态，这是一个很好的培养模式。好的学校都会把科学、技术、工程和数学作为培养卓越工程师一个很重要的课程体系。我们更应当关注的是如何培养出卓越工程师。

综合而言，新时代的三个不同类别的基础理论、技术科学和工程技术是客观存在，每个类别有本质的特征，技术科学最重要特征就是将深厚的基础理论与紧密的工程实践结合，基于该特征才有后边的教育改革，以及对于课程的设计和理工科大学工程技术、工程学的研究所展开的范式。

技术科学的课程圈

技术科学有知识、能力、价值观三位一体的课程圈。浙江大学早期提出了"KAQ"模型，即知识（Knowledge）、能力（Ability）和素质（Quality），但是从定义来讲，素质本身包含了知识和能力，所以"三角分离"变成了"一通二"。后来浙江大学增加了"S（Spirit）"，转变为"KAQS"模型，即知识、能力、素质、精神四位一体，"S"在三角形的中心，是进一步的提升，并通往知识、能力和素质。

最近清华大学等一部分高校提出价值观（Values）、能力、知识三位一体的教育理念，即"VAK"模型，这个排序把价值观放在领衔地位，能力排在第二，知识在第三。实际上，我们要培养的人才应该是在马克思列宁主义世界观统领下的知识和能力均衡发展。世界观就是唯物辩证法的唯物史观和历史唯物主义的社会科学指导思想的史观结合在一起，世界观奠定了人如何对待人生、即人生观，以及如何判断价值、即价值观。世界观既是一个人最本质的精神观，也是一个学者从事科学和技术的正确的方法论观。这种培养环节圈可以认为是"WAK"，即世界观（World ideology）、能力、知识，世界观在三角的上方顶点，能力和知识分别在三角形的左下角顶点和右下角顶点。清华大学原校长蒋南翔很早就提出，对于学生培养，不仅要给学生"干粮"，还要有"指南针"，在前方指引看人生的方向、看世界的方向、判断价值的方向，还要有"猎枪"，学会猎取"干粮"的方法，教会学生掌握改造和认识客观世界的方法，使学生不仅在大学阶段拿到"干粮"，而且在今后的终身学习中不断地拿到"干粮"。这三者是统一的，但是世界观是引领性的。

——清华大学教授　余寿文

探究性学习机制

探究性学习实际上也是一种交叉，它通过科研作为载体，相当于案例制或项目牵引制，为了完成项目，学生发现需要这方面的知识，从而把不同的学科交融起来。这样的探究性学习适合在高年级，即大四或大三下学期以后，一方面会激发学习的积极性，另一方面提高实践能力。我国高等教育中（包括研究生阶段），前端课程的学习基本上是教学和考试，学生真正动手的机会较少，虽然有毕业设计，但到了最后的毕业阶段，学生还面临着很多其他问题，真正能利用的时间较少。在技术基础这样的桥梁课程出来以后，学生从事一些科研，从事一些交叉，这样能反过来牵引他，使学生了解自身知识掌握的欠缺之处，实际上也是给他营造了一个终身学习本领的前瞻。很多东西要依靠终身学习。对于没接触的方面，通过科研能够发现自己可能需要管理、信息、计算机等方面的知识，学生在校期间能够交错地听各种课程，向各方面的同学和老师不断咨询。如果能将探究性学习真正融合在课程体系中，对学生的发展十分有益。

现在有很多学校依靠竞赛牵引,有的学校有"大创",也有"双创"平台。西安交通大学也很早设置了学生的"双创"平台,在平台上每一年要发布很多,或者学生自己申请很多项目,以项目来牵引学生去交融。这在课程体系里也给了学分,每一年学生可以在全校范围内找指导老师,这种项目牵引的方式也很好。

——中国科学院院士 何雅玲

技术科学教材的总体设计——以《机械振动》《振动力学》为例

我写过多本本科生教材,教学中被使用最多的是《机械振动》。1998年扩招之后,原来的教材所用学时数太多(60学时)、难度太大,扩招以后要降低难度,因此编写了降低难度的版本《机械振动》,难度降低的版本较受欢迎。该版本已经印了三四万册,每年两三千册被作为教材使用。

后来我写了《振动力学——研究性教程》,可以作为读完《机械振动》后的进阶。《振动力学——研究性教程》适合学过这门课的人进一步提高,相当于给教师使用。现在也有些学校研究生,如哈工大研究生,在使用,但肯定不适用于初学者。之后,我修订了《机械振动》,该修订版结合了研究生的研究性学习理念,内容做了很多更新,期望能跟上形势的变化,增加了很多设计性习题。此外,修订版凡是涉及数字之处全部提供 MATLAB 程序,也迎合了学生的兴趣。把《机械振动》和《振动力学——研究性教程》两本书统一起来,基本上体现现在对振动力学的一个认识,一定程度上是相当于一个总体设计。

——中国科学院院士 胡海岩

四、技术科学强国战略对策

着力发展技术科学，是健全国家创新体系、提升自主创新能力的需要，是合理布局科学技术结构、完善研究开发体系的需要，也是造就科技领军人才、提高工程技术队伍素质的需要。为加快实施创新驱动发展战略，推动教育、科技、人才融合发展，加快建设科技强国，为了尊重技术科学在战略谋划、资源需求、体系建设、评估特色和工科教育的独特规律，我们做出以下五点建议：

建议（1）确立技术科学的战略地位，制定和实施技术科学发展战略

遵循习近平总书记的"5·28讲话"所体现的"现代工程和技术科学是科学原理和产业发展、工程研制之间不可缺少的桥梁，在现代科学技术体系中发挥着关键作用"精神，按照钱学森先生关于现代科学技术体系"基础科学—技术科学—工程技术"的三部门知识结构的观点，考虑到技术科学在塑造战略思维方面的独特功能，考虑到技术科学的攻坚性和路线图特点，应该按照"基础科学—技术科学—工程技术"的三部门分解，应该在我国有关基础科学发展战略[1]和工程技术发展战略[2]已经分别草就的情况下，进一步确立技术科学的战略地位，制定和实施技术科学发展战略。具体建议为：

建议在国家有关部门重新确立技术科学在发展科学技术和提升自主创

---

[1] 重磅！我国将实施基础研究十年规划. 中国教育在线，2022-01-10.
[2] 李晓红，李静海. 中国工程科技2035发展战略：面向未来，系统谋划国家工程科技的体系创新. 北京：科学出版社，2019.

新能力中的战略地位，适时重新制定"技术科学发展战略"，赋予技术科学作为一个独立门类所应有的战略规划、人才计划和资金投入计划。建议适时制定"国家中长期技术科学发展规划"，确定技术科学发展的重点学科、前沿领域和实施办法，确保能更全面恰当地覆盖技术科学的重要领域，形成技术科学均衡发展的局面。

建议在中国科学院学部设立基础科学板块（数理、化学、生命、地学）和技术科学板块（信息、工程与建筑、材料、制造、医学）；将国家自然科学基金委员会更名为国家科学基金委员会，下设自然科学、技术科学、健康与管理科学等三到四个板块。后者已经成为国家自然科学基金委员会（基金委）的改革方向，并与美国国家科学基金会着力强化技术科学的举措相对应。

建议（2）加大对技术科学的稳定投入

建议在"四个面向"、加大"有组织的科研"的背景下，考虑到技术科学的研究往往体现"有组织研究"的攻坚方向与攻坚路径，且该攻坚过程往往需要在人财物等方面的大额且稳定的投入，由此建议加大对技术科学的稳定投入。具体建议为：

建议加强支持有组织的技术科学研究，在国家自然科学基金委员会（技术科学板块）中设置技术科学中心类项目支持从事技术科学研究的高水平研究团队；建议在资助与人才计划的设置中，除学科导向、需求导向外，还应该考虑技术基础导向；在国家自然科学基金委员会的技术科学板块，科技部的"973计划"，军科委的"173计划"中应重点针对技术科学的学科领域部类设置有组织的研究项目。

建议加强对技术科学研究顶端人才的支持，如适度增加技术科学板块的院士增选名额、特推系列名额，"长江学者"中的特设岗位。

建议（3）健全技术科学研发体系

建议在研发体系的体制机制架构上，彰显一类技术科学学术机构的特征，从而在"国之大者"的考量下、在"有组织的自主创新基础能力"的建设下，取得硬核意义下的建设平台与抓手。具体建议为：

建议新增一批属技术科学范畴的国家研究机构（国家研究所、重点实验室和/或国家实验室），形成国家技术科学研发体系，在全国重点实验室的重组中以技术科学（而不是以技术需求）为主线来进行布局和建设。

建议以行业的共性技术和核心技术为重点，在各产业部门，建立自己的行业技术科学研发中心；鼓励科研院所、高等院校、大型企业集团与海外研究开发机构联合建立国际技术科学研发中心。

建议（4）完善科学技术成果评价体系

在科学技术成果评价体系的构造中，应体现可反映技术科学特征的元素。并以其为指导，构建分类型的科学技术成果评价体系。该评价体系旨在体现"基础研究看对人类知识共同体的学术贡献，工程技术看所产出的经济与社会效益，技术科学看对知识链与创新链的打通作用"这样一种价值观念。具体建议为：

建议针对技术科学特点，设立既不同于基础科学又不同于工程技术，适应技术科学发展的成果和人才评价体系，从科技成果在发现工程技术领域共性规律、提供关键技术和自主可控工具方面的学术贡献、应用前景与潜在经济价值等多个维度进行评价。

建议将现有的自然科学奖与科技进步奖重组为自然科学奖（涵盖数学、物理、化学、天文、地学、生物、力学诸领域）与技术科学奖（涵盖材料、信息、工程、健康、能源、国防诸领域），不再专门奖励那些可以直接由市场回报来补偿的研发活动。

建议（5）培养基础扎实适应能力强的技术科学人才

在理工科教育中，应设置可反映技术科学能力塑造的教育阶段，构建科学、技术、工程加数学（STEM）的工科教育范式，并加强以技术科学为中枢环节的产学研互动。具体建议为：

建议高等教育管理部门明确技术科学在理工科教育中的地位，推动教育、科技、人才的融合发展，前瞻性布局技术科学人才谱系，以发现、培养和使用好"科学家—发明家—企业家"风格集于一身的转化型领军人才、战略帅才及其后备人才。

建议在部分研究型大学布局打造具有较强产业研发实力的基础学科和基础学科集群，吸引科技型领军型企业参与"双一流"学科建设。

建议构建技术科学课程体系，完善由学科基础课、专业通识课、专业基础课、学科交叉课等组成的技术科学课程体系，特别是在工程分析的数学方法和工程设计的原理和实践等，形成以实验、分析、模拟、数据驱动为科学研究范式的技术科学课程圈，加速培养技术科学人才。

附录　技术科学的典型领域国别分析：力学

力学是基础科学，又是典型的技术科学，已经发展成一套相对独立的知识体系，我们以该领域为例进行国别比较分析。基于力学领域专家筛选的 137 本力学期刊（如文末附表所示），在 WoS 核心合集数据库检索力学领域（WC=Mechanics）论文，共得到 413 616 篇论文数据（数据下载时间为 2022 年 11 月 15 日），通过科学计量方法，从科研产出、科研开放度、科研优势和科研力量布局几个方面进行国别比较。

1 科研产出的数量与质量比较

就力学知识产出的数量和质量而言，中美两国相比较于其他国家都具有绝对优势，从发展趋势上看，美国早年便开始进行力学研究，后期稳步上升，中国近十年增长迅猛，优势凸显。力学知识的产出主要集中在美国和中国，无论从总发文量，还是从高水平的 Q1 区期刊发文量和 ESI 高被引论文量，中美两国都具有绝对的优势，中国似乎更胜一筹（附表 1.1）。中国力学领域科研产出成果增势迅猛，美国和其他国家增长趋势较为平缓。美国每年产出论文数量显著高于其他国家，直至 2013 年被中国超越。目前中国的总发文量虽略低于美国，但增长态势迅猛，2021 年的发文数量 8545 篇，是美国的 2.6 倍，表现出显著的后发优势（附图 1.1）。在顶级（Q1）力学期刊的论文和 ESI 高被引论文也主要分布在美国和中国。各国在顶级期刊上发文量与总发文量趋势一致，中国仍表现出强劲的增长态势。由于互联网技术的发展，极大地促进了学术交流，我国力学发展逐渐进入快车道，在 2013 年超越美国，2021 年，发表的 Q1 区期刊论文 4591 篇，约是美国的 2.3 倍。而美国的 ESI 高被引论文的数量有渐趋下降的势头。

附表 1.1　力学知识产出的代表性十国的发文情况

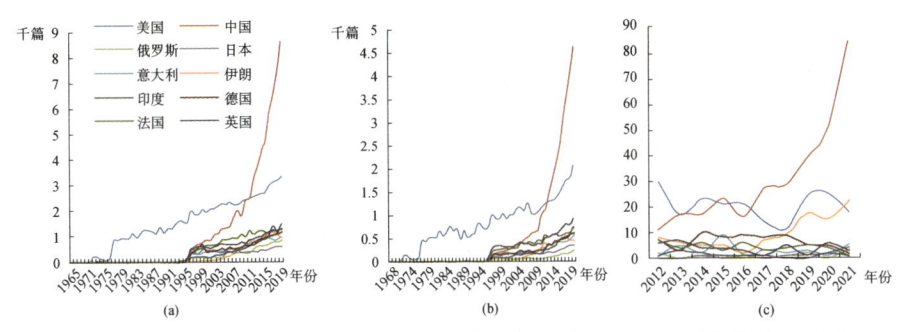

	国家	发文量	Q1 区期刊发文量	ESI 高被引论文量
1	美国	84 328	43 021	209
2	中国	74 002	33 780	343
3	法国	22 844	10 539	43
4	英国	20 195	11 705	40
5	德国	16 987	7 375	66
6	印度	14 757	6 146	20
7	意大利	14 737	6 755	32
8	俄罗斯	12 708	2 125	10
9	伊朗	11 022	5 516	107
10	日本	10 771	4 908	10

附图 1.1　力学领域前十科研成果高产国家总发文量（a）、Q1 区发文量（b）和 ESI 高被引论文发文量（c）及其时序变化

2　科研开放和依赖程度比较

（1）开放程度

力学研究的国家间合作趋势日益明显。越来越多的国家参与力学研究中（附图 2.1），这也意味着部分国家/地区逐步实现了力学研究融入国际学

术界的"从无到有"之突破。

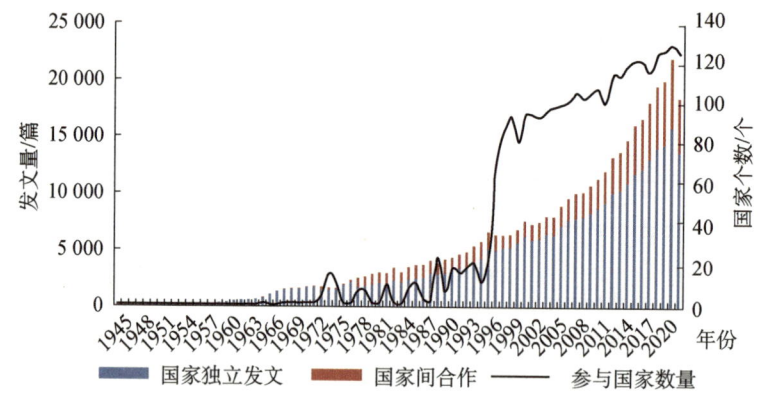

附图 2.1　力学领域发文数量年份分布及参与国家数量（1997 年 SCI 扩展版数据库（SCIE）推出，其收录的信息更加翔实，因而导致 1997 年参与合作的国家/地区数量激增）

在力学领域，发达国家相比较于发展中国家，具有更高的科研开放度。所谓科研开放度，即指与其他国家开展合作研究的程度，即合作发表论文占比。中国的研究开放度基本维持在 20% 左右，英国在 2021 年的研究开放度达 69%。如附表 2.1 所示，在前十国家中，如美国、法国、英国、德国、意大利等发达国家的研究开放度均在 50% 左右，其中，美国、英国的研究开放度超过 50%；而中国、印度、俄罗斯等发展中国家的研究开放度则均在 30% 以下。中国与美国分别是与对方合作数量最多的国家，即中国与美国在力学领域的研究合作非常紧密。另外，通过与 ESI 高被引论文的合作率比较，发现科研越开放，越有利于产出高质量和高影响力的论文。英国、德国、意大利、法国、美国、日本等发达国家每年基于国际合作完成的力学论文占比在逐年升高，研究开放度呈逐年递增态势（附图 2.2）。而中国、俄罗斯、印度、伊朗等发展中国家的研究开放度增长缓慢，尤其是俄罗斯和伊朗在 2005—2009 年间开放度明显降低。

（2）核心性

中国与欧美发达国家在力学研究的合作网络中位于核心位置。以发文国家为节点，国家间合作关系作为连线，依据 Salton 公式[①]计算合作强度，

---

① Salton G，Mcgill M J. Introduction to Modern Information Retrieval. N.Y.：McGraw-Hill，1983.

附表 2.1　中美力学研究合作伙伴前十国家的比较

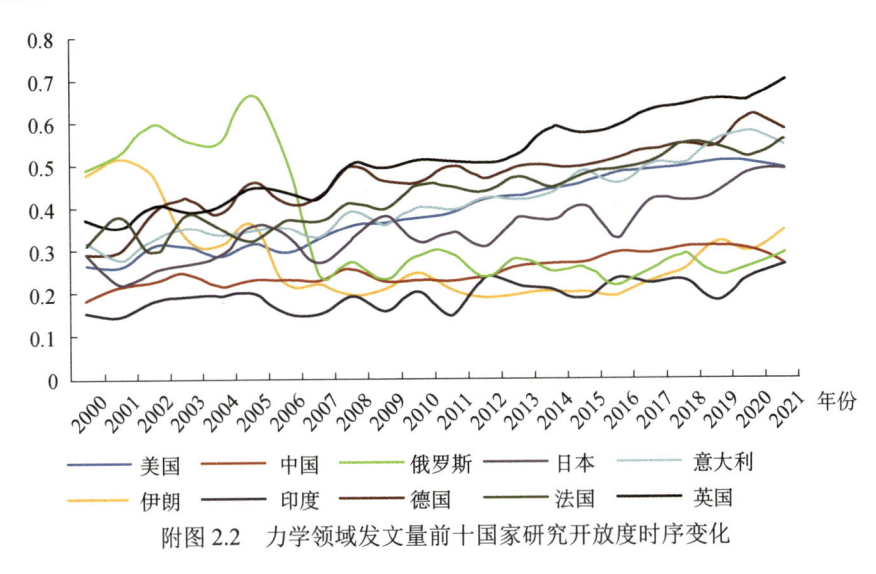

美国合作国家	国家	力学 发文量	合作量	占比%	ESI 合作量	占比%	中国合作国家
中国（5830）	美国	84 328	46 855	55.56	135	64.59	美国（5830）
法国（1973）	中国	74 002	19 715	26.64	177	51.60	英国（2439）
英国（1973）	法国	22 844	10 201	44.66	29	67.44	澳大利亚（2380）
德国（1570）	英国	20 195	10 857	53.76	36	90.00	日本（1342）
意大利（1512）	德国	16 987	8 208	48.32	51	77.27	加拿大（1156）
韩国（1253）	印度	14 757	3 158	21.40	9	45.00	德国（1129）
加拿大（1181）	意大利	14 737	6 554	44.47	23	71.88	新加坡（1072）
日本（901）	俄罗斯	12 708	3 282	25.83	8	80.00	法国（938）
印度（743）	伊朗	11 022	5 136	46.60	82	75.93	韩国（569）
伊朗（726）	日本	10 771	3 762	34.93	9	90.00	伊朗（424）

附图 2.2　力学领域发文量前十国家研究开放度时序变化

构建国际科研合作网络（附图 2.3）。其中，美国、法国、中国、德国、英国、意大利位于网络核心位置，依据度中心性、中介中心性和接近中心性三个指标，这几个国家在网络中都具有较强的局部网络影响力、信息资源控制能力和整体网络影响力。总体而言，中国仅次于美国、法国（附表 2.2）。从合作强度来看，欧洲各发达国家的力学合作并不紧密，中国与澳大利亚、美国、新加坡等合作较为紧密。

前二十高合作强度国家

	合作国家	合作强度
1	马拉维—莫桑比克	0.707
2	阿尔巴尼亚—科索沃	0.316
3	科特迪瓦—马拉维	0.302
4	沙特阿拉伯—埃及	0.287
5	马拉维—肯尼亚	0.229
6	也门—老挝	0.218
7	莫桑比克—科特迪瓦	0.213
8	巴基斯坦—沙特阿拉伯	0.181
9	冰岛—阿富汗	0.178
10	菲律宾—马拉维	0.177
11	坦桑尼亚—乌干达	0.167
12	莫桑比克—肯尼亚	0.162
13	玻利维亚—阿根廷	0.157
14	津巴布韦—斯威士兰	0.148
15	墨西哥—古巴	0.148
16	博茨瓦纳—喀麦隆	0.138
17	肯尼亚—乌干达	0.132
18	菲律宾—莫桑比克	0.125
19	斯威士兰—南非	0.101
20	中国—澳大利亚	0.094

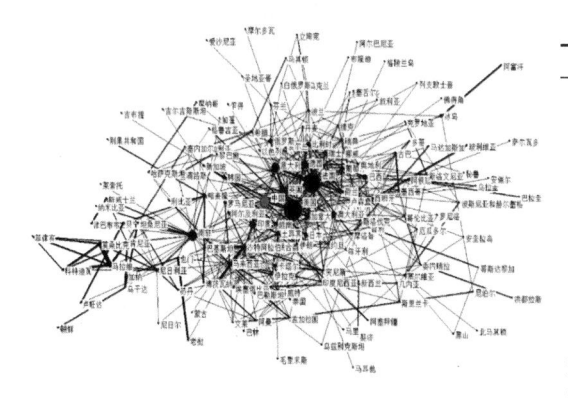

前十与中国高强度合作的国家

序号	合作国家	合作强度	序号	合作国家	合作强度
1	澳大利亚	0.09	6	日本	0.04
2	美国	0.07	7	德国	0.03
3	新加坡	0.07	8	蒙古国	0.03
4	英国	0.06	9	韩国	0.02
5	加拿大	0.05	10	法国	0.02

附图 2.3　力学领域国家科研合作强度网络（节点大小代表中介中心性，节点越大则该国的桥梁作用越显著，所掌控的科技资源越多；连线粗细代表合作强度，连线越粗则两个国家的合作越密切。）

附表 2.2　力学领域论文国家合作强度网络中心性统计

序号	国家	发文数量	国家	度中心性	国家	中介中心性	国家	接近中心性
1	美国	84 328	美国	121	美国	1 442.781	美国	201
2	中国	74 002	法国	112	法国	1 350.112	法国	210
3	法国	22 844	中国	111	中国	796.101	中国	212
4	英国	20 195	英国	105	南非	666.459	英国	217
5	德国	16 987	德国	104	英国	552.788	德国	218
6	印度	14 757	意大利	99	意大利	492.962	意大利	223
7	意大利	14 737	加拿大	92	西班牙	444.424	加拿大	231
8	俄罗斯	12 708	俄罗斯	90	印度	444.04	印度	232
9	伊朗	11 022	印度	90	德国	438.486	俄罗斯	233
10	日本	10 771	美国	121	澳大利亚	331.314	西班牙	237

（3）依赖程度

所谓依赖程度，是指在力学研究的合作中，某国不是主导作者所属国（即非第一作者和通讯作者）占该国国际合作论文的比重，以此指标可以揭示合作中的依赖程度（附表 2.3）。相比较而言，美国、中国、印度和伊朗都表现出合作中较低的依赖程度。

附表 2.3　科研合作依赖性

国家	作为主导国家	作为依赖国家	依赖比重
美国	33 805	13 050	27.85%
中国	14 885	4 830	24.50%
法国	4 843	5 358	52.52%
英国	5 019	5 838	53.77%
德国	3 656	4 552	55.46%
印度	2 044	1 114	35.28%
意大利	3 527	3 027	46.19%
俄罗斯	1 364	1 695	55.41%
伊朗	2 318	964	29.37%
日本	2 374	3 170	57.18%

（4）自主性

中国与美国、法国、英国、德国、日本、加拿大、澳大利亚等国家在力学科研合作中均表现出较强的科研自主性，发挥着主导作用。据王玉奇等[1]提出的国家科研合作自主性测度公式，对中国以及与中国合作产出最多的前九个国家在合作中体现的国家科研自主性进行测度，结果如附表 2.4 所示。其中在中美科研合作中，中国对美国的主导度为 21.34%，而美国对中国的主导度为 10.67%，中国在中美科研合作中的科研自主性指数为 0.107，表明中国在中美力学领域的研究合作中具有自主性。

附表 2.4　科研合作依赖性

	美国	中国	法国	英国	德国	伊朗	日本	加拿大	韩国	澳大利亚
美国		↙21.34% ↑0.107	↙15.01% ↑-0.005	↙15.33% ↑0.008	↙14.41% ↑-0.003	↙19.43% ↑0.079	↙14.95% ↑-0.007	↙17.64% ↑0.041	↙18.04% ↑0.044	↙16.11% ↑0.030
中国	↙10.67% ↑-0.107		↙11.49% ↑-0.078	↙10.37% ↑-0.112	↙8.49% ↑-0.130	↙14.44% ↑0.014	↙8.38% ↑-0.153	↙11.24% ↑-0.100	↙16.00% ↑0.013	↙9.75% ↑-0.129
法国	↙15.47% ↑0.005	↙19.31% ↑0.078		↙14.99% ↑0.009	↙14.08% ↑-0.007	↙19.48% ↑0.078	↙13.51% ↑-0.013	↙18.33% ↑0.060	↙12.29% ↑-0.019	↙19.60% ↑0.091
英国	↙14.58% ↑-0.008	↙21.56% ↑0.112	↙14.10% ↑-0.009		↙13.92% ↑-0.007	↙19.84% ↑0.094	↙13.62% ↑-0.021	↙15.58% ↑0.015	↙17.00% ↑0.044	↙16.50% ↑0.034

---

[1] 王玉奇，陈悦，宋超，王康. 基于合作位态的国家科研实力测度——以 ESI 高被引论文为例. 中国科技论坛，2022，(10): 14-24.

续表

	美国	中国	法国	英国	德国	伊朗	日本	加拿大	韩国	澳大利亚
德国	↙14.71% ↑0.003	↙21.52% ↑0.130	↙14.81% ↑0.007	↙14.58% ↑0.007		↙20.42% ↑0.128	↙14.02% ↑-0.003	↙17.55% ↑0.068	↙13.53% ↑-0.004	↙17.22% ↑0.068
伊朗	↙11.53% ↑-0.079	↙13.08% ↑-0.014	↙11.71% ↑-0.078	↙10.40% ↑-0.094	↙7.63% ↑-0.128		↙9.27% ↑-0.132	↙13.02% ↑-0.063	↙10.87% ↑-0.048	↙13.42% ↑-0.021
日本	↙15.67% ↑0.007	↙23.70% ↑0.153	↙14.83% ↑0.013	↙15.69% ↑0.021	↙14.35% ↑0.003	↙22.44% ↑0.132		↙12.59% ↑-0.039	↙19.33% ↑0.076	↙15.73% ↑0.040
加拿大	↙13.51% ↑-0.041	↙21.26% ↑0.100	↙12.35% ↑-0.060	↙14.07% ↑-0.015	↙10.71% ↑-0.068	↙19.29% ↑0.063	↙16.44% ↑0.039		↙17.09% ↑0.057	↙19.18% ↑0.078
韩国	↙13.59% ↑-0.044	↙14.66% ↑-0.013	↙14.22% ↑0.019	↙12.63% ↑-0.044	↙13.98% ↑0.004	↙15.63% ↑0.048	↙11.73% ↑-0.076	↙11.39% ↑-0.057		↙11.38% ↑-0.040
澳大利亚	↙13.14% ↑-0.030	↙22.60% ↑0.129	↙10.53% ↑-0.091	↙13.12% ↑-0.034	↙10.45% ↑-0.068	↙15.48% ↑0.021	↙11.68% ↑-0.040	↙11.38% ↑-0.078	↙15.36% ↑0.040	

注：↙代表列所在国家对行所在国家的主导度；↑代表行列两国在科研合作中，列所在国家的科研自主性指数；正值代表有自主性，负值代表没有自主性

3　科研优势的比较

本研究从宏观层面（ESI 学科分类）、中观层面（WOS 主题分类）至微观层面（论文关键词）细分研究内容上的差异，识别各国的力学研究的重点主题。

（1）基于 ESI 学科分类

力学文献[①]主要分布在 22 个 ESI 学科门类中的工程学（Engineering）、数学（Mathematics）、物理学（Physics）、材料科学（Materials Science）、计算机科学（Computer Science）、地理学（Geosciences）、空间科学（Space Science）七大学科领域，主要是工程技术类研究，论文数量占比 63%（附图 3.1）。

美国几乎在力学的所有相关学科中都具有发文量优势，中国的力学研究侧重于工程学和材料科学领域；而美国则偏重于与物理学和计算机科学领域开展交叉研究。中国有 79.3%论文集中于工程学领域，是占比较高的（附表 3.1，附图 3.2）。在工程学领域，中国与美国相比较，在应用数学、

---

① 说明：WoS 核心合集数据库收录的力学领域（WC=Mechanics）的 556 552 篇论文（时间为 2022 年 11 月 15 日）。

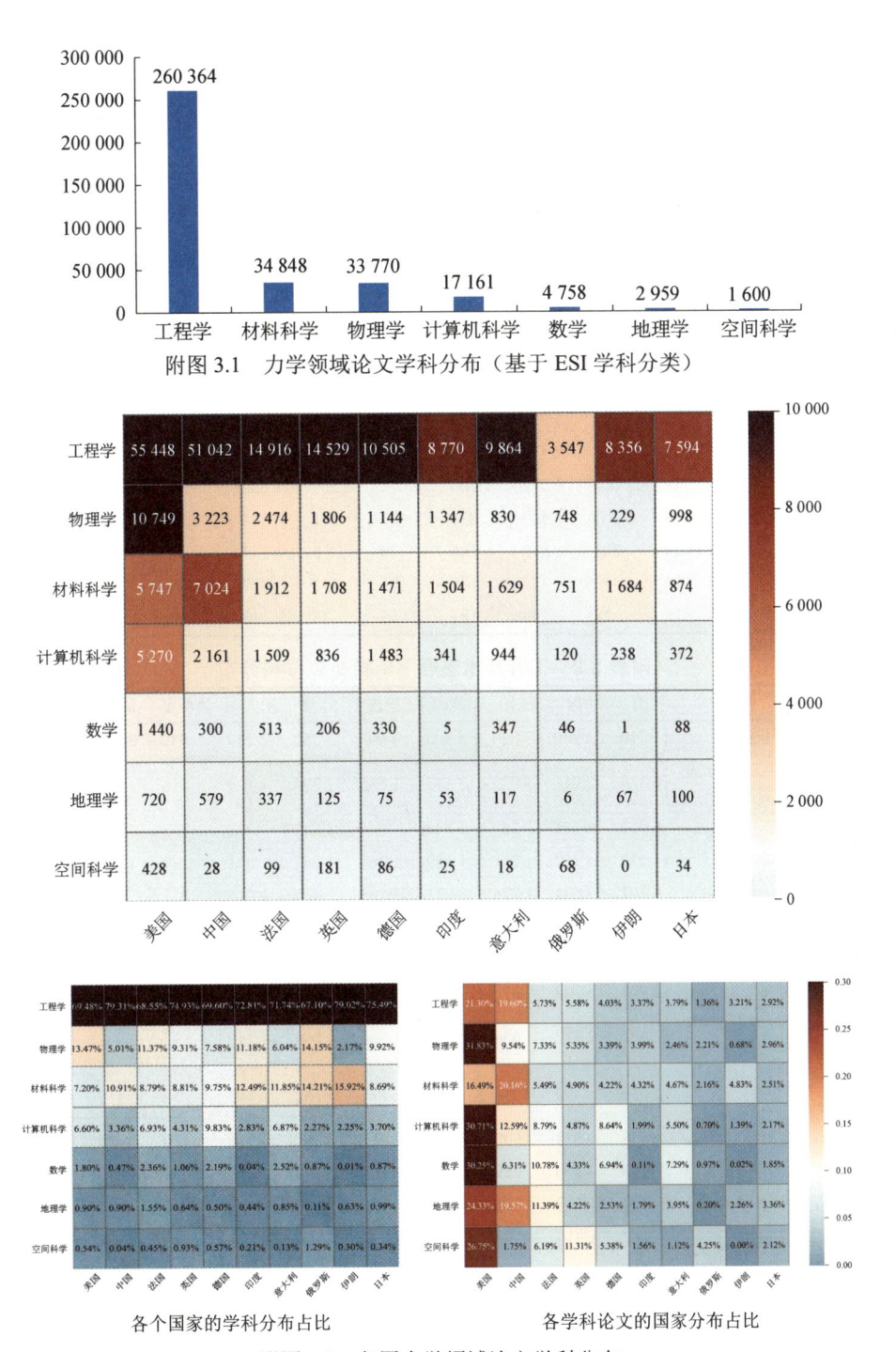

附图 3.1　力学领域论文学科分布（基于 ESI 学科分类）

附图 3.2　各国力学领域论文学科分布

应用物理学、机械工程、电子电气工程、土木工程、能源与燃料、热力学等领域更具优势,而美国是在计算机科学、统计与概率、凝聚态物质、流体和等离子体和材料科学等更为基础性的工程技术领域表现突出(附表3.2,附图3.3)。从每个国家的力学研究在工程学领域的分布情况来看,大多分布于机械工程和物理流体等离子体两个领域,而中国在机械工程领域的论文产出高达46.82%(附图3.4)。

附表3.1　十国力学领域论文学科分布(基于ESI学科分类)

	美国	中国	法国	英国	德国	印度	意大利	俄罗斯	伊朗	日本
工程学	55 448	51 042	14 916	14 529	10 505	8 770	9 864	3 547	8 356	7 594
物理学	10 749	3 223	2 474	1 806	1 144	1 347	830	748	229	998
材料科学	5 747	7 024	1 912	1 708	1 471	1 504	1 629	751	1 684	874
计算机科学	5 270	2 161	1 509	836	1 483	341	944	120	238	372
数学	1 440	300	513	206	330	5	347	46	1	88
地理学	720	579	337	125	75	53	117	6	67	100
空间科学	428	28	99	181	86	25	18	68	0	34

附表3.2　工程技术主题下十国WC学科分布

	美国	中国	法国	英国	德国	印度	意大利	俄罗斯	伊朗	日本
工程学,机械	15 710	23 900	3 830	5 302	3 005	3 251	2 749	946	3 336	2 387
物理学,流体与等离子体	10 329	2 011	3 022	3 817	1 485	894	1 120	516	222	880
声学	6 052	8 351	1 262	1 840	644	1 041	933	233	946	699
数学,跨学科应用	4 270	5 222	1 281	1 189	1 267	1 257	893	289	1 652	517
材料科学,多学科	8 792	3 691	1 824	1 077	1 163	425	1 016	287	282	583
热力学	1 957	1 214	902	826	1 034	928	684	308	728	592
工程学,土木	1 606	3 821	205	821	328	378	533	31	662	685
工程学,多学科	2 907	5 702	671	701	548	937	580	191	1338	346
计算机科学,跨学科应用	2 401	2 172	653	693	556	366	343	72	342	369
材料科学,表征与测试	2 052	399	336	567	171	152	240	35	157	146
物理学,凝聚态物质	2 533	573	532	401	317	54	244	20	23	78
数学,应用	996	4 296	269	400	166	394	112	79	310	79
工程学,电气与电子	160	1 315	196	58	133	60	172	37	38	803
物理学,应用	160	1 315	196	58	133	60	172	37	38	803
统计学与概率论	416	207	66	46	65	48	136	16	10	19
施工与建筑技术	164	434	10	45	19	60	60	1	32	61
物理学,数学	113	819	14	29	22	131	22	17	102	11

附录　技术科学的典型领域国别分析：力学 | 187

	美国	中国	法国	英国	德国	印度	意大利	俄罗斯	伊朗	日本
工程学，机械	15 710	23 900	3 830	5 302	3 005	3 251	2 749	946	3 336	2 387
物理学，流体与等离子体	10 329	2 011	3 022	3 817	1 485	894	1 120	516	222	880
声学	6 052	8 351	1 262	1 840	644	1 041	933	233	946	699
数学，跨学科应用	4 270	5 222	1 281	1 189	1 267	1 257	893	289	1 652	517
材料科学，多学科	8 792	3 691	1 824	1 077	1 163	425	1 016	287	282	583
热力学	1 957	1 214	902	826	1 034	928	684	308	728	592
工程学，土木	1 606	3 821	205	821	328	378	533	31	662	685
工程学，多学科	2 907	5 702	671	701	548	937	580	191	1338	346
计算机科学，跨学科应用	2 401	2 172	653	693	556	366	343	72	342	369
材料科学，表征与测试	2 052	399	336	567	171	152	240	35	157	146
物理学，凝聚态物质	2 533	573	532	401	317	54	244	20	23	78
数学，应用	996	4 296	269	400	166	394	112	79	310	79
工程学，电气与电子	160	1 315	196	58	133	60	172	37	38	803
物理学，应用	160	1 315	196	58	133	60	172	37	38	803
统计与概率论	416	207	66	46	65	48	136	16	10	19
施工与建筑技术	164	434	10	45	19	60	60	1	32	61
物理学，数学	113	819	14	29	22	131	22	17	102	11

附图 3.3　力学十国在工程技术领域的不同学科贡献比较

	美国	中国	法国	英国	德国	印度	意大利	俄罗斯	伊朗	日本
工程学，机械	28.33%	46.82%	25.68%	36.49%	28.61%	37.07%	27.87%	26.67%	39.92%	31.43%
物理学，流体与等离子体	18.63%	3.94%	20.26%	26.27%	14.14%	10.19%	11.35%	14.55%	2.66%	11.59%
声学	10.91%	16.36%	8.46%	12.66%	6.13%	11.87%	9.46%	6.57%	11.32%	9.20%
数学，跨学科应用	7.70%	10.23%	8.59%	8.18%	12.06%	14.33%	9.05%	8.15%	19.77%	6.81%
材料科学，多学科	15.86%	7.23%	12.23%	7.41%	11.07%	4.85%	10.30%	8.09%	3.37%	7.68%
热力学	3.53%	2.38%	6.05%	5.69%	9.84%	10.58%	6.93%	8.68%	8.71%	7.80%
工程学，土木	2.90%	7.49%	1.37%	5.65%	3.12%	4.31%	5.40%	0.87%	7.92%	9.02%
工程学，多学科	5.24%	11.17%	4.50%	4.82%	5.22%	10.68%	5.88%	5.38%	16.01%	4.56%
计算机科学，跨学科应用	4.33%	4.26%	4.38%	4.77%	5.29%	4.17%	3.48%	2.03%	4.09%	4.86%
材料科学，表征与测试	3.70%	0.78%	2.25%	3.90%	1.63%	1.73%	2.43%	0.99%	1.88%	1.92%
物理学，凝聚态物质	4.57%	1.12%	3.57%	2.76%	3.02%	0.62%	2.47%	0.56%	0.28%	1.03%
数学，应用	1.80%	8.42%	1.80%	2.75%	1.58%	4.49%	1.14%	2.23%	3.71%	1.04%
工程学，电气与电子	0.29%	2.58%	1.31%	0.40%	1.27%	0.68%	1.74%	1.04%	0.45%	10.57%
物理学，应用	0.29%	2.58%	1.31%	0.40%	1.27%	0.68%	1.74%	1.04%	0.45%	10.57%
统计学与概率论	0.75%	0.41%	0.44%	0.32%	0.62%	0.68%	1.38%	0.45%	0.12%	0.25%
施工与建筑技术	0.30%	0.85%	0.07%	0.31%	0.18%	0.68%	0.61%	0.03%	0.38%	0.80%
物理学，数学	0.20%	1.60%	0.09%	0.20%	0.21%	1.49%	0.22%	0.48%	1.22%	0.14%

附图 3.4 各国在工程技术领域的不同学科的产出占比

（2）基于 WoS 学科分类

力学领域的所有文献分布在 254 个 WoS 学科类别中的 27 个细分学科中（附表 3.3，附图 3.5）。需要指出的是，WoS 研究学科分类比 ESI 学科分类更加具体，而且一篇文章可以分属于不同的学科类别，从而能表现出学科之间的距离。

力学的相关学科集中在机械工程、热力学、流体和等离子体物理学（附表 3.4）。中国的力学研究侧重于机械工程、热力学等，美国侧重于流体和等离子物理学、材料科学等。

附表 3.3　力学领域 27 个 WC 学科分布

序号	WC 分类	数量
1	力学	413 616
2	工程学，机械	96 594
3	物理学，流体与等离子体	71 261
4	材料科学，多学科	45 739
5	数学，跨学科应用	42 823
6	数学，应用	37 773
7	声学	37 120
8	工程学，多学科	33 570
9	材料科学，复合材料	21 987
10	计算机科学，跨学科应用	17 416
11	工程学，土木	17 063
12	热力学	14 421
13	材料科学，表征与测试	11 520
14	物理学，数学	7 492
15	工程学，化学	7 024
16	物理学，应用	7 014
17	物理学，凝聚态物质	5 647
18	工程学，电气与电子	3 580
19	工程学，地质	2 959
20	高分子科学	2 928
21	物理学，多学科	2 593

续表

序号	WC 分类	数量
22	天文学与天体物理学	1 595
23	地球化学与地球物理学	1 595
24	统计学与概率论	1 198
25	数学	1 093
26	施工与建筑技术	1 090
27	冶金学与冶金工程	82

附表 3.4　力学领域主要交叉主题与各国研究分布

	美国	中国	法国	英国	德国	印度	意大利	俄罗斯	伊朗	日本
工程学，机械	17 560	26 712	3 966	5 558	3 254	4 013	2 934	998	3 905	2 522
物理学，流体与等离子体	19 911	7 343	5 348	5 486	2 677	2 548	2 213	2 175	768	1 917
声学	7 359	8 775	1 518	2 056	756	1 238	1 007	403	1 028	776
材料科学，多学科	13 697	7 555	3 416	1 925	2 097	1 453	1 750	485	1 155	1 274
数学，跨学科应用	8 882	8 829	2 374	1 784	2 530	1 778	1 860	652	2 109	778
工程学，多学科	7 164	7 538	1 574	1 202	1 722	1 128	1 254	239	1 575	547
材料科学，复合材料	2 605	5 044	841	1 158	751	1 038	1 334	650	1 307	450
计算机科学，跨学科应用	3 845	2 954	1 284	1 088	942	571	636	150	463	567
工程学，土木	2 215	5 086	238	967	374	561	708	48	896	748
数学，应用	3 810	7 846	1 297	886	1 935	966	971	869	750	387

（3）基于关键词

为进一步探求各个国家之间在力学领域微观层面的研究内容差异，本研究对文献数据的关键词进行了数据分析，构建了各国的关键词共现图谱。共词分析法（Co-Word Analysis），作为当前分析研究主题热点的常用方法，由法国文献计量学家卡隆等在 20 世纪 70 年代提出来，通过揭示关键词间的亲疏关系，从而判断学科领域各研究主题间的关系，挖掘该学科领域的研究内容和结构。若两个关键词在同一文献中共同出现的次数越多，说明这两个关键词之间的相关性越强，其代表的研究领域内容越相近或相关性越强[①]。在本研究中首先使用自然语言处理技术对各个国家的关键词术语进行初步清洗，包括同义词合并和无意义词删除，构建规范的词表格式；然后使用 Python 算法生成技术关键词共现矩阵，反映各个国家研究主题聚类情况；为便于直观呈现和分析，绘制了十国力学主题图谱（附图 3.6）。

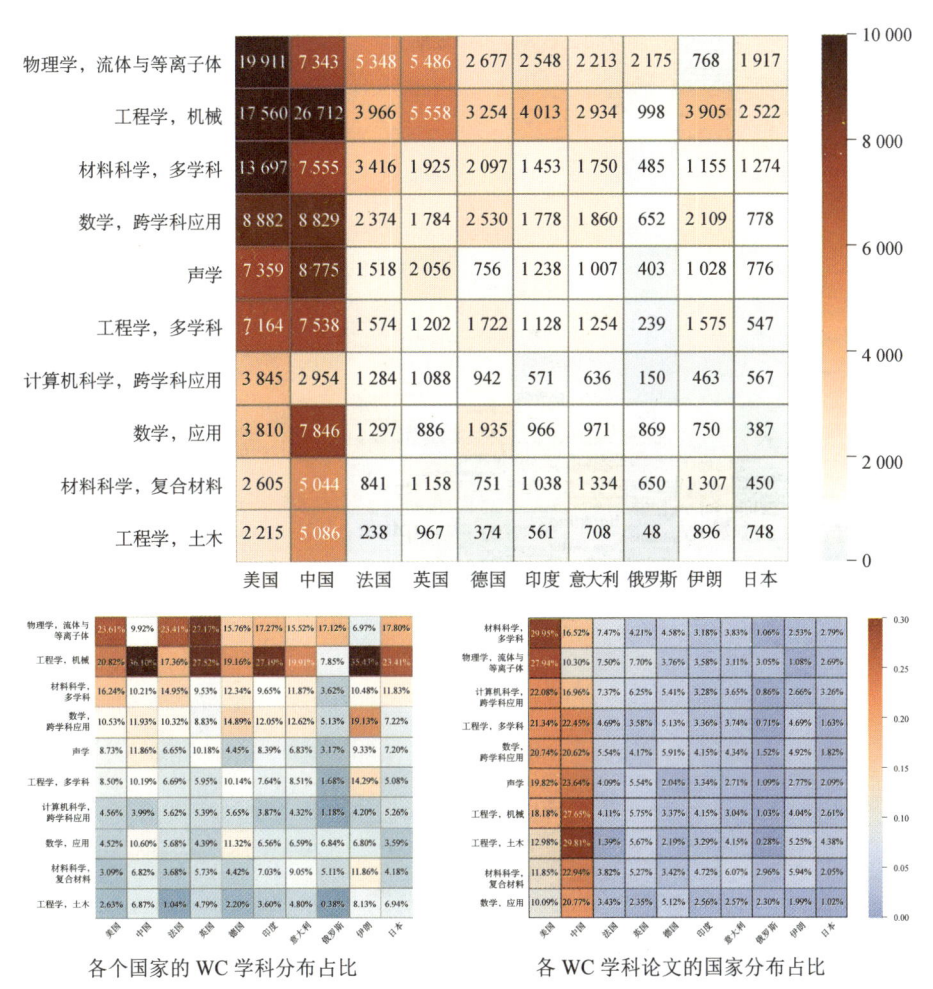

	美国	中国	法国	英国	德国	印度	意大利	俄罗斯	伊朗	日本
物理学，流体与等离子体	19 911	7 343	5 348	5 486	2 677	2 548	2 213	2 175	768	1 917
工程学，机械	17 560	26 712	3 966	5 558	3 254	4 013	2 934	998	3 905	2 522
材料科学，多学科	13 697	7 555	3 416	1 925	2 097	1 453	1 750	485	1 155	1 274
数学，跨学科应用	8 882	8 829	2 374	1 784	2 530	1 778	1 860	652	2 109	778
声学	7 359	8 775	1 518	2 056	756	1 238	1 007	403	1 028	776
工程学，多学科	7 164	7 538	1 574	1 202	1 722	1 128	1 254	239	1 575	547
计算机科学，跨学科应用	3 845	2 954	1 284	1 088	942	571	636	150	463	567
数学，应用	3 810	7 846	1 297	886	1 935	966	971	869	750	387
材料科学，复合材料	2 605	5 044	841	1 158	751	1 038	1 334	650	1 307	450
工程学，土木	2 215	5 086	238	967	374	561	708	48	896	748

各个国家的 WC 学科分布占比　　　各 WC 学科论文的国家分布占比

附图 3.5　各国力学领域论文 WC 学科分布

---

① 周云倩, 赵赟. 基于关键词共现的出版转型研究热点分析. 科技与出版, 2021, (09): 134-139.

美国：

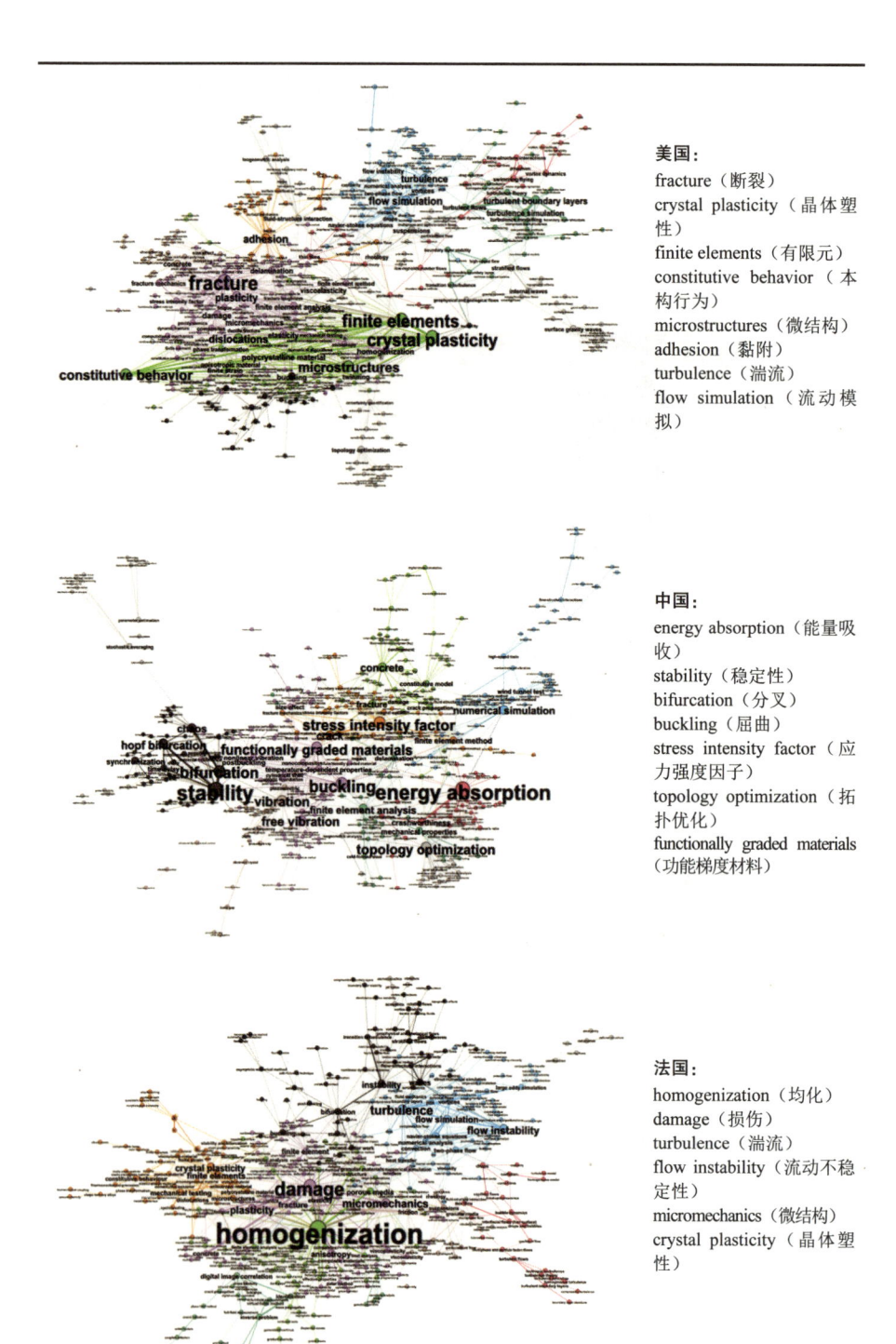

fracture（断裂）
crystal plasticity（晶体塑性）
finite elements（有限元）
constitutive behavior（本构行为）
microstructures（微结构）
adhesion（黏附）
turbulence（湍流）
flow simulation（流动模拟）

中国：

energy absorption（能量吸收）
stability（稳定性）
bifurcation（分叉）
buckling（屈曲）
stress intensity factor（应力强度因子）
topology optimization（拓扑优化）
functionally graded materials（功能梯度材料）

法国：

homogenization（均化）
damage（损伤）
turbulence（湍流）
flow instability（流动不稳定性）
micromechanics（微结构）
crystal plasticity（晶体塑性）

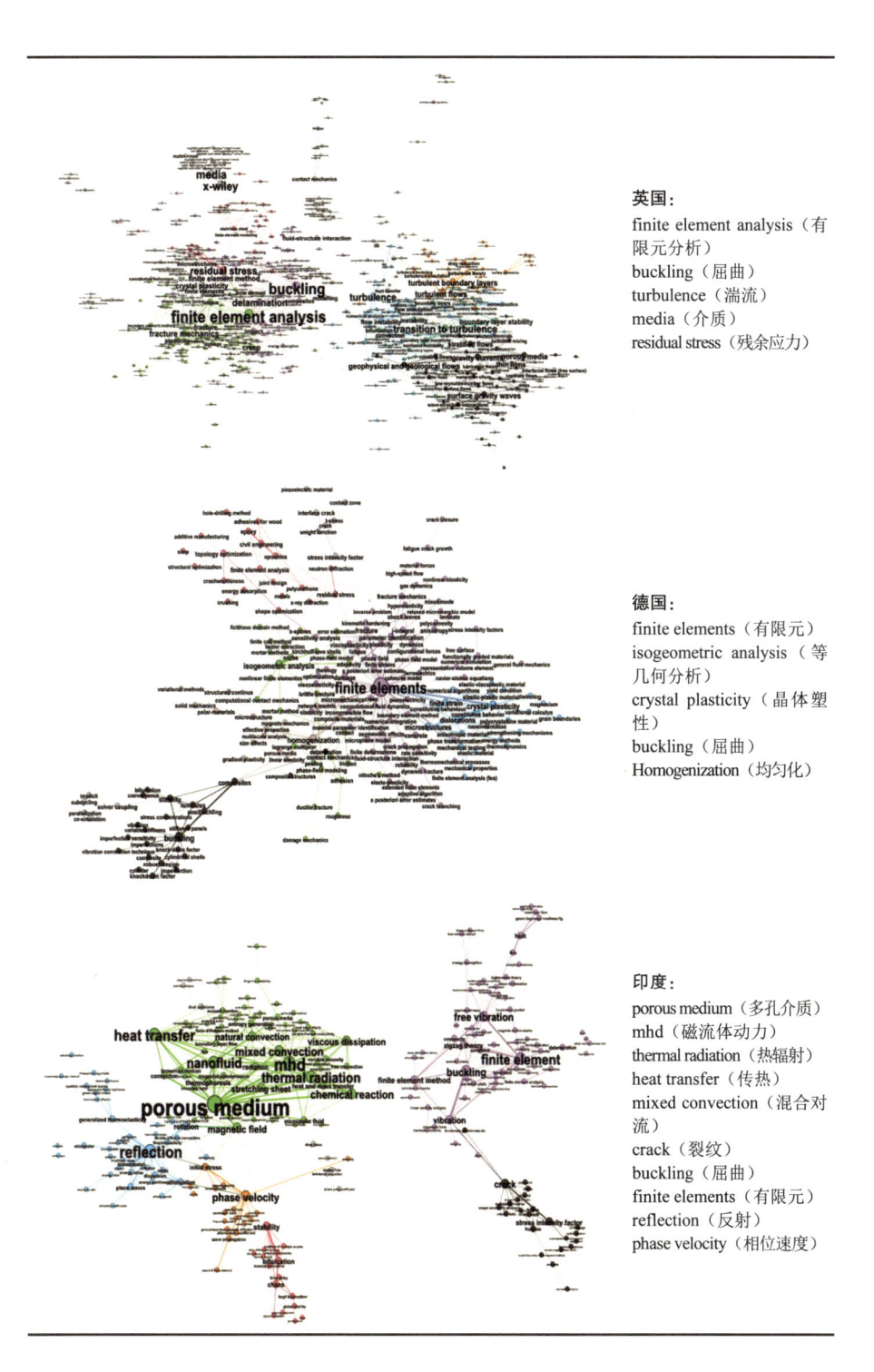

附录　技术科学的典型领域国别分析：力学 | 193

英国：
finite element analysis（有限元分析）
buckling（屈曲）
turbulence（湍流）
media（介质）
residual stress（残余应力）

德国：
finite elements（有限元）
isogeometric analysis（等几何分析）
crystal plasticity（晶体塑性）
buckling（屈曲）
Homogenization（均匀化）

印度：
porous medium（多孔介质）
mhd（磁流体动力）
thermal radiation（热辐射）
heat transfer（传热）
mixed convection（混合对流）
crack（裂纹）
buckling（屈曲）
finite elements（有限元）
reflection（反射）
phase velocity（相位速度）

意大利：

finite element method（有限元方法）
Carrera unified formulation（Carrera 统一公式）
masonry（砖石结构）
concrete（混凝土）
homogenization（均匀化）
isogeometric analysis（等几何分析）
finite elements（有限元）
spin chains（自旋链）
viscoelasticity（黏弹性）

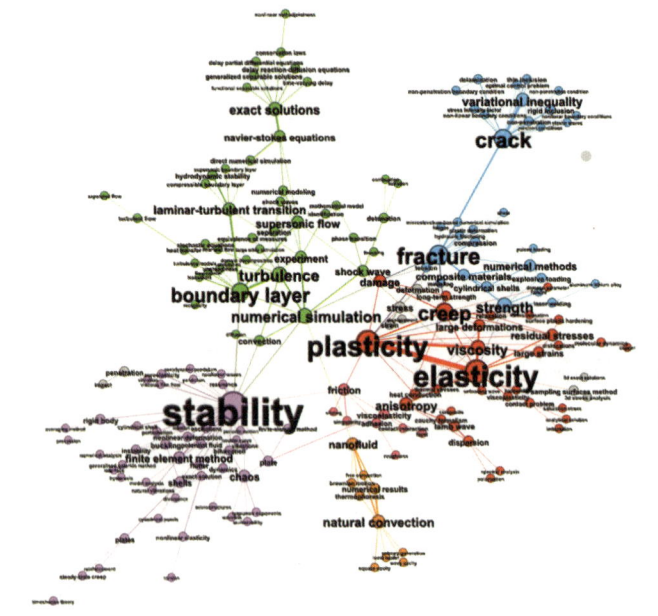

俄罗斯：

stability（稳定性）
plasticity（塑性）
elasticity（弹性）
fracture（断裂）
crack（裂纹）
boundary layer（边界层）
turbulence（湍流）
numerical simulation（数值模拟）

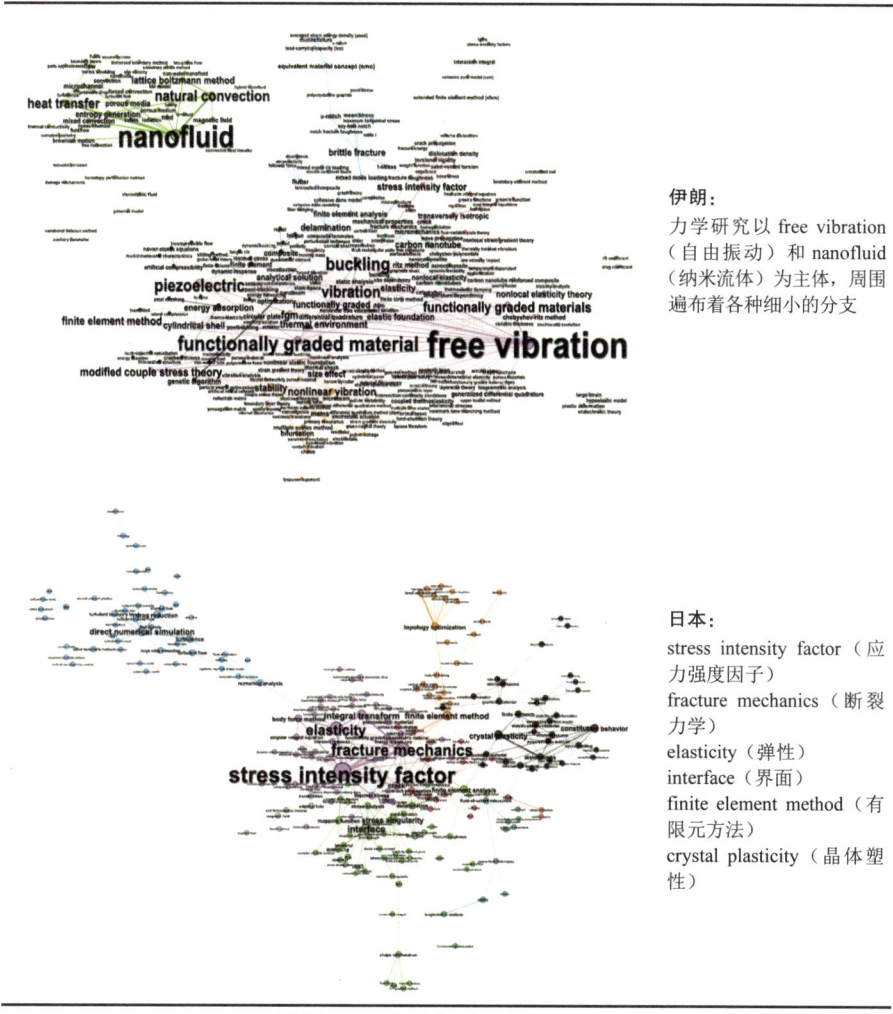

伊朗：
力学研究以 free vibration（自由振动）和 nanofluid（纳米流体）为主体，周围遍布着各种细小的分支

日本：
stress intensity factor（应力强度因子）
fracture mechanics（断裂力学）
elasticity（弹性）
interface（界面）
finite element method（有限元方法）
crystal plasticity（晶体塑性）

附图 3.6　力学十国研究主题图谱

4　科研力量的比较

大学和国家科学院是力学研究的重要力量。在力学研究知识产出最多的前二十家机构中，有四家为包含了众多独立研究机构的国立研究院（俄罗斯科学院、印度理工学院[①]、法国国家科学研究中心、乌克兰国家科学

---

① https://baike.baidu.com/item/%E5%8D%B0%E5%BA%A6%E7%90%86%E5%B7%A5%E5%AD%A6%E9%99%A2/3685478.

院），其余为大学（附表4.1）。知识产出最高的是俄罗斯科学院，是位于第二位上海交通大学的1.1倍。中国位于发文数量前二十机构之列的依次为上海交通大学、大连理工大学、清华大学、哈尔滨工业大学、中国科学院、西安交通大学、浙江大学、同济大学、西北工业大学、南京航空航天大学、华中科技大学共11家（附表4.1），美国位于发文数量前二十机构之列的有伊利诺伊大学、麻省理工学院共2所机构。

附表4.1 力学领域发文量前二十机构

序号	机构	国家	发文数量
1	俄罗斯科学院	俄罗斯	3956
2	上海交通大学	中国	3557
3	印度理工学院	印度	3325
4	大连理工大学	中国	3061
5	清华大学	中国	3002
6	哈尔滨工业大学	中国	2989
7	中国科学院	中国	2966
8	西安交通大学	中国	2610
9	浙江大学	中国	2568
10	伊利诺伊大学	美国	2510
11	同济大学	中国	2408
12	西北工业大学	中国	2404
13	麻省理工学院	美国	2377
14	英国剑桥大学	英国	2336
15	南京航空航天大学	中国	2111
16	荷兰代尔夫特理工大学	荷兰	2064
17	法国国家科学研究中心	法国	1901
18	乌克兰国家科学院	乌克兰	1880
19	华中科技大学	中国	1831
20	新加坡国立大学	新加坡	1780

在力学领域的机构合作网络中，中国机构、美国机构、英国机构把控并主导着全球力学科研资源（附图 4.1）。中国机构在合作网络中的度中心性以及中介中心性均名列前茅，接近中心性指标也表现良好（附表 4.2），其中，清华大学、荷兰代尔夫特理工大学、伊利诺伊大学、同济大学都位于合作网络的核心位置。各国的前十高产机构见附表 4.3。

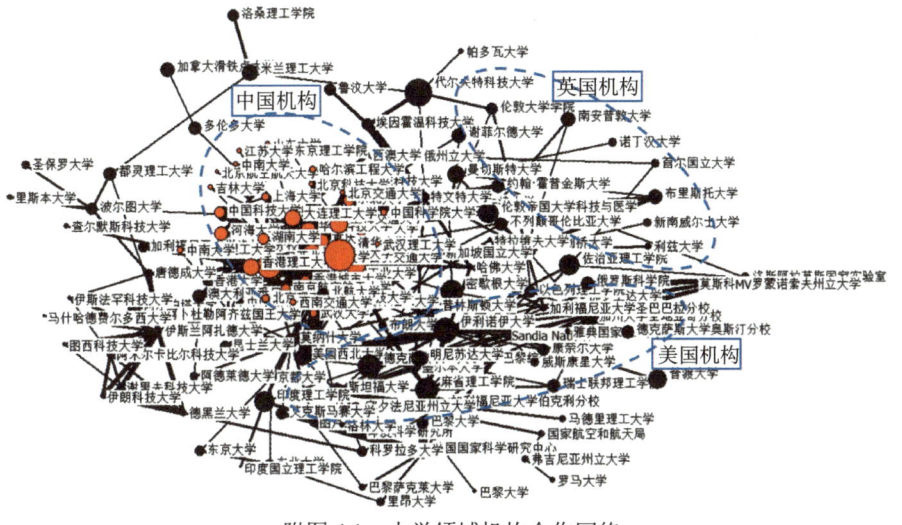

附图 4.1　力学领域机构合作网络

附表 4.2　力学领域论文机构合作网络中心性统计

序号	机构	度中心性	机构	中介中心性	机构	接近中心性
1	清华大学	151	清华大学	149.927	清华大学	193
2	荷兰代尔夫特理工大学	139	荷兰代尔夫特理工大学	128.942	荷兰代尔夫特理工大学	205
3	伊利诺伊大学	134	同济大学	116.053	伊利诺伊大学	210
4	麻省理工学院	132	伊利诺伊大学	110.184	麻省理工学院	212
5	同济大学	132	浙江大学	108.154	同济大学	212
6	密歇根大学	129	得克萨斯农工大学	105.837	密歇根大学	215
7	英国剑桥大学	129	密歇根大学	104.965	英国剑桥大学	215
8	浙江大学	128	麻省理工学院	102.869	浙江大学	216
9	西安交通大学	128	西安交通大学	101.627	西安交通大学	216
10	上海交通大学	128	中国科学院	97.702	上海交通大学	216

附表 4.3 十国力学领域发文量前十机构

序号	美国	中国	德国	英国	法国
1	伊利诺伊大学	上海交通大学	达姆施塔特理工大学	剑桥大学	法国国家科研中心
2	麻省理工学院	大连理工大学	Rhein Westfal TH Aachen	伦敦大学帝国理工学院	巴黎大学
3	美国密歇根大学	清华大学	斯图加特理工大学	南安普顿大学	巴黎综合理工学院
4	得克萨斯农工大学	哈尔滨工业大学	慕尼黑理工大学	牛津大学	里昂大学
5	斯坦福大学	中国科学院	德累斯顿理工大学	曼彻斯特大学	埃克斯马赛大学
6	加州理工学院	西安交通大学	柏林理工大学	布里斯托尔大学	图卢兹大学
7	普渡大学	浙江大学	波鸿鲁尔大学	伦敦皇家学院	巴黎萨克莱大学
8	加州大学圣地亚哥分校	同济大学	汉诺威莱布尼茨大学	诺丁汉大学	巴黎理工大学
9	明尼苏达大学	西北工业大学	埃尔朗根纽伦堡大学	利物浦大学	洛林大学
10	美国国家航空航天局	南京航空航天大学	卡尔斯鲁厄理工学院	谢菲尔德大学	普瓦捷大学

序号	意大利	印度	俄罗斯	伊朗	日本
1	米兰理工大学	印度理工学院	俄罗斯科学院	伊斯兰阿扎德大学	东京大学
2	都灵理工大学	印度科技学院	莫斯科国立大学	谢里夫科技大学	京都大学
3	罗马理工大学	国立理工学院	新西伯利亚国立大学	阿姆卡比尔理工大学	东北大学
4	那不勒斯费德里克二世大学	贾达普尔大学	罗蒙诺索夫莫斯科国立大学	伊朗科技大学	东京工业大学
5	博洛尼亚大学	贝拿勒斯印度教大学	圣彼得堡理工大学	德黑兰大学	九州大学
6	帕多瓦大学	安娜大学	莫斯科国立科技大学	KN Toosi Univ Technol	名古屋大学
7	热那亚大学	库鲁克谢特拉大学	纳特尔雷斯大学	伊斯法罕科技大学	大阪大学
8	萨勒诺大学	巴巴原子研究中心	莫斯科物理技术学院	马什哈德费尔多西大学	北海道大学
9	罗马托韦尔加塔大学	加尔各答大学	南方联邦大学	莫达雷斯大学	庆应义塾大学
10	国家研究委员会	班加罗尔大学	托木斯克国立大学	设拉子大学	名古屋工业大学

附表 力学领域期刊

序号	期刊
1	PHYSICS OF FLUIDS
2	JOURNAL OF FLUID MECHANICS
3	JOURNAL OF SOUND AND VIBRATION
4	COMPOSITE STRUCTURES
5	INTERNATIONAL JOURNAL OF SOLIDS AND STRUCTURES
6	COMPUTER METHODS IN APPLIED MECHANICS AND ENGINEERING
7	ENGINEERING FRACTURE MECHANICS
8	APPLIED MATHEMATICAL MODELLING
9	NONLINEAR DYNAMICS
10	INTERNATIONAL JOURNAL OF MECHANICAL SCIENCES
11	ZEITSCHRIFT FUR ANGEWANDTE MATHEMATIK UND MECHANIK
12	JOURNAL OF APPLIED MECHANICS-TRANSACTIONS OF THE ASME
13	THIN-WALLED STRUCTURES
14	ACTA MECHANICA
15	COMMUNICATIONS IN NONLINEAR SCIENCE AND NUMERICAL SIMULATION
16	JOURNAL OF WIND ENGINEERING AND INDUSTRIAL AERODYNAMICS
17	EXPERIMENTS IN FLUIDS
18	INTERNATIONAL JOURNAL FOR NUMERICAL METHODS IN FLUIDS
19	JOURNAL OF THE MECHANICS AND PHYSICS OF SOLIDS
20	COMPUTERS & FLUIDS
21	INTERNATIONAL JOURNAL OF FRACTURE
22	PMM JOURNAL OF APPLIED MATHEMATICS AND MECHANICS
23	SHOCK AND VIBRATION
24	ARCHIVE FOR RATIONAL MECHANICS AND ANALYSIS
25	EXPERIMENTAL MECHANICS
26	INTERNATIONAL JOURNAL OF NON-LINEAR MECHANICS
27	INTERNATIONAL JOURNAL OF MULTIPHASE FLOW

续表

序号	期刊
28	JOURNAL OF ADHESION SCIENCE AND TECHNOLOGY
29	INTERNATIONAL JOURNAL OF IMPACT ENGINEERING
30	JOURNAL OF VIBRATION AND CONTROL
31	JOURNAL OF NON-NEWTONIAN FLUID MECHANICS
32	APPLIED MATHEMATICS AND MECHANICS-ENGLISH EDITION
33	MECHANICS RESEARCH COMMUNICATIONS
34	STRUCTURAL AND MULTIDISCIPLINARY OPTIMIZATION
35	MECHANICS OF MATERIALS
36	INTERNATIONAL JOURNAL OF APPLIED ELECTROMAGNETICS AND MECHANICS
37	COMPUTATIONAL MECHANICS
38	INTERNATIONAL JOURNAL OF HEAT AND FLUID FLOW
39	JOURNAL OF FLUIDS AND STRUCTURES
40	INTERNATIONAL JOURNAL OF PLASTICITY
41	THEORETICAL AND APPLIED FRACTURE MECHANICS
42	EUROPEAN JOURNAL OF MECHANICS A-SOLIDS
43	JOURNAL OF VIBRATION AND ACOUSTICS-TRANSACTIONS OF THE ASME
44	JOURNAL OF RHEOLOGY
45	ARCHIVE OF APPLIED MECHANICS
46	INTERNATIONAL JOURNAL FOR NUMERICAL AND ANALYTICAL METHODS IN GEOMECHANICS
47	MECCANICA
48	MECHANICS OF COMPOSITE MATERIALS
49	INTERNATIONAL APPLIED MECHANICS
50	JOURNAL OF ADHESION
51	MECHANICS OF ADVANCED MATERIALS AND STRUCTURES
52	INTERNATIONAL JOURNAL OF NUMERICAL METHODS FOR HEAT & FLUID FLOW
53	WAVE MOTION
54	EUROPEAN JOURNAL OF MECHANICS B-FLUIDS
55	SOVIET APPLIED MECHANICS
56	JOURNAL OF HYDRODYNAMICS
57	JOURNAL OF THERMAL STRESSES
58	ACTA MECHANICA SINICA
59	QUARTERLY JOURNAL OF MECHANICS AND APPLIED MATHEMATICS
60	FINITE ELEMENTS IN ANALYSIS AND DESIGN
61	ENGINEERING COMPUTATIONS
62	JOURNAL OF APPLIED MECHANICS AND TECHNICAL PHYSICS
63	JOURNAL OF ELASTICITY
64	INTERNATIONAL JOURNAL OF STRUCTURAL STABILITY AND DYNAMICS
65	FLUID DYNAMICS
66	JOURNAL OF STRAIN ANALYSIS FOR ENGINEERING DESIGN

续表

序号	期刊
67	COMPTES RENDUS MECANIQUE
68	INTERNATIONAL JOURNAL OF NONLINEAR SCIENCES AND NUMERICAL SIMULATION
69	MATHEMATICS AND MECHANICS OF SOLIDS
70	JOURNAL OF APPLIED FLUID MECHANICS
71	ZAMM-ZEITSCHRIFT FUR ANGEWANDTE MATHEMATIK UND MECHANIK
72	ARCHIVES OF MECHANICS
73	JOURNAL OF COMPOSITES FOR CONSTRUCTION
74	GEOPHYSICAL AND ASTROPHYSICAL FLUID DYNAMICS
75	FLOW TURBULENCE AND COMBUSTION
76	MECHANICS OF SOLIDS
77	JOURNAL OF POROUS MEDIA
78	ACTA MECHANICA SOLIDA SINICA
79	SHOCK WAVES
80	CONTINUUM MECHANICS AND THERMODYNAMICS
81	JOURNAL OF COMPUTATIONAL AND NONLINEAR DYNAMICS
82	GRANULAR MATTER
83	MECHANIKA
84	JOURNAL OF THEORETICAL AND APPLIED MECHANICS
85	MECHANICS BASED DESIGN OF STRUCTURES AND MACHINES
86	PROBABILISTIC ENGINEERING MECHANICS
87	INTERNATIONAL JOURNAL OF APPLIED MECHANICS
88	WIND AND STRUCTURES
89	INTERNATIONAL JOURNAL OF COMPUTATIONAL FLUID DYNAMICS
90	EXTREME MECHANICS LETTERS
91	JOURNAL OF MATHEMATICAL FLUID MECHANICS
92	JOURNAL OF TURBULENCE
93	INTERNATIONAL JOURNAL OF DAMAGE MECHANICS
94	SOUND AND VIBRATION
95	JOURNAL OF APPLIED MECHANICS
96	INGENIEUR ARCHIV
97	JOURNAL OF MATHEMATICS AND MECHANICS
98	THEORETICAL AND COMPUTATIONAL FLUID DYNAMICS
99	ENGINEERING APPLICATIONS OF COMPUTATIONAL FLUID MECHANICS
100	JOURNAL OF VIBRATION ENGINEERING & TECHNOLOGIES
101	JOURNAL OF MECHANICS OF MATERIALS AND STRUCTURES
102	ADVANCES IN APPLIED MATHEMATICS AND MECHANICS
103	PROCEEDINGS OF THE INSTITUTION OF MECHANICAL ENGINEERS PART K-JOURNAL OF MULTI-BODY DYNAMICS
104	MECHANICS OF TIME-DEPENDENT MATERIALS

续表

序号	期刊
105	JOURNAL OF MECHANICS OF CONTINUA AND MATHEMATICAL SCIENCES
106	JOURNAL OF APPLIED AND COMPUTATIONAL MECHANICS
107	JOURNAL OF APPLIED MATHEMATICS AND MECHANICS-USSR
108	STRUCTURAL OPTIMIZATION
109	INTERNATIONAL JOURNAL OF MECHANICS AND MATERIALS IN DESIGN
110	INTERNATIONAL JOURNAL OF ACOUSTICS AND VIBRATION
111	JOURNAL DE MECANIQUE
112	MECHANICS OF STRUCTURES AND MACHINES
113	JOURNAL OF STRUCTURAL MECHANICS
114	THEORETICAL AND APPLIED MECHANICS LETTERS
115	JOURNAL OF COMPUTATIONAL APPLIED MECHANICS
116	JOURNAL OF DYNAMIC BEHAVIOR OF MATERIALS
117	INTERNATIONAL JOURNAL OF FLUID MECHANICS RESEARCH
118	JOURNAL OF RATIONAL MECHANICS AND ANALYSIS
119	JOURNAL OF THE MECHANICAL BEHAVIOR OF MATERIALS
120	MECHANICS OF COHESIVE-FRICTIONAL MATERIALS
121	MATHEMATICS AND MECHANICS OF COMPLEX SYSTEMS
122	SUPERPLASTICITY IN ADVANCED MATERIALS
123	JOURNAL OF THE SOCIETY OF RHEOLOGY JAPAN
124	SOLID MECHANICS ARCHIVES
125	EXPLOSION,SHOCK WAVE AND HYPERVELOCITY PHENOMENA IN MATERIALS
126	THEORETICAL AND APPLIED MECHANICS
127	ANNUAL REVIEW OF FLUID MECHANICS
128	THEORETICAL AND APPLIED MECHANICS JAPAN
129	FLUID DYNAMICS
130	RHEOLOGY
131	INTERNATIONAL JOURNAL OF APPLIED MECHANICS
132	ADVANCES IN APPLIED MECHANICS
133	NON-NEWTONIAN FLUID MECHANICS AND COMPLEX FLOWS
134	JOURNAL OF HYDRODYNAMICS
135	MECHANIKA
136	NONLINEAR OSCILLATIONS
137	ADVANCES IN APPLIED MECHANICS